职业教育课程改革系列教材

Maya 动画制作案例教程

姜全生　主审

徐　璟　孙信成　王晓青　主　编

电子工业出版社

Publishing House of Electronics Industry

北京 · BEIJING

内 容 简 介

本书是精品课程的配套教材,全书共10章,通过30多个实用而经典的案例,循序渐进地介绍Maya的基本功能以及动画的制作方法与技巧。本书讲解了Maya入门、基础编辑操作、NURBS建模、Polygon建模、灯光、阴影、摄像机、视图、材质编辑、基础动画制作、骨骼与蒙皮、刚体和柔体等内容。每一章都给出了教学目标,再对实例进行了分析和制作,并对相关联的知识进行详细的讲解,读者可以在实例的制作过程中掌握Maya技能和三维动画的制作技巧。本书附带一张光盘,光盘中收录了各章中所用到的案例源文件、所用场景及案例效果。

本书采用案例教学的形式编写,兼顾理论知识与实践操作,可以作为职业学校动漫专业三维动画制作Maya课程的教材,也可以作为Maya动画制作初中级读者的学习用书。

图书在版编目(CIP)数据

Maya动画制作案例教程 / 徐璟,孙信成,王晓青主编. —北京:电子工业出版社,2011.10
职业教育课程改革系列教材
ISBN 978-7-121-14512-4

Ⅰ. ①M⋯ Ⅱ. ①徐⋯ ②孙⋯ ③王⋯ Ⅲ. ①三维动画软件,Maya—中等专业学校—教材 Ⅳ. ①TP391.41

中国版本图书馆 CIP 数据核字(2011)第 178604 号

策划编辑:肖博爱
责任编辑:郝黎明　　文字编辑:裴　杰
印　　刷:
　　　　　北京京师印务有限公司
装　　订:
出版发行:电子工业出版社
　　　　　北京市海淀区万寿路 173 信箱　邮编 100036
开　　本:787×1092　1/16　印张:14.5　字数:384 千字
印　　次:2011 年 10 月第 1 次印刷
印　　数:3000 册　　定价:35.00 元(含光盘 1 张)

凡所购买电子工业出版社图书有缺损问题,请向购买书店调换。若书店售缺,请与本社发行部联系,联系及邮购电话:(010) 88254888。
质量投诉请发邮件至 zlts@phei.com.cn,盗版侵权举报请发邮件至 dbqq@phei.com.cn。
服务热线:(010) 88258888。

前　言

Maya 是近年来活跃在 PC 平台上的优秀的三维造型与动画制作软件，被广泛应用于三维动画制作、建筑效果图设计与制作、工程设计、影视广告制作、三维游戏设计、多媒体教学等领域。Maya 包含了最先进的建模、绑定、动画、材质、灯光、特效、运动匹配等专业技术，多年来受到广大影视特效公司与计算机图形图像制作者的一致好评，其版本也在不断更新。

本书作为精品课程的配套教材，通过 30 多个实用而经典的范例，循序渐进地介绍 Maya 的基本功能，以及动画的制作方法与技巧。

本书共 10 章，建议学时为 76 学时，各章的主要内容及教学课时表安排如下。

章	课 程 内 容	课 时 分 配	
		讲　授	实 践 训 练
第 1 章	走进 Maya：介绍 Maya 基础与操作技巧	2	2
第 2 章	NURBS 建模：介绍 NURBS 建模与编辑	3	3
第 3 章	Polygon 多边形建模：介绍 Polygon 建模的方法与技巧	4	6
第 4 章	灯光：介绍灯光的属性、建立及使用方法	2	4
第 5 章	摄像机：介绍 Maya 摄像机的使用	2	3
第 6 章	材质：介绍 Maya 各种材质球及其属性和使用方法	4	4
第 7 章	基础动画：介绍 Maya 基础动画、各种动画编辑工具的使用	6	6
第 8 章	骨骼、控制器装配：介绍 Maya 中骨骼的概念、装配及蒙皮	6	6
第 9 章	渲染合成：介绍 Maya 渲染的概念、属性及方法	2	3
第 10 章	综合案例：介绍 Maya 综合实例的制作	2	6
课 时 总 计		33	43

为了方便读者学习，本书附带一张光盘。光盘中收录了各章中所用到的案例源文件、所用场景及案例效果。

本书由姜全生担任主审，全书由青岛商务学校美术教研组全体教师共同编写，其中，徐璟、孙信成、王晓青担任主编，李瑞良、史文萱、钟晓敏担任副主编，参加编写的还有苏毅荣、傅志、杨雪丽、白杨、宋卫东。由于作者水平有限，书中难免有疏漏之处，敬请读者批评指正。

编　者

目　录

第1章 走进 Maya

Maya 是美国 Alias/Wavefront 公司出品的世界顶级的三维动画软件，应用于专业的影视广告，角色动画，电影特技等方面。Maya 功能完善，工作灵活，易学易用，制作效率极高，渲染真实感极强，是电影级别的高端制作软件。Maya 具有为数众多的操作命令和工具，用户通过科学的方法循序渐进地进行学习，就可以在 Maya 中尽情驰骋自己的天马星空的想象力，将燃烧的创作激情转变为令人叹为观止的影像作品。2005 年 10 月 Autodesk 公司已将 Maya 升级到 Maya 2010。Autodesk Maya 2010 融合了 Autodesk Maya Complete 2009 和 Autodesk Maya Unlimited 2009 的功能，将相匹配的移动、合成和渲染功能统一整合到 Maya 2010 中。从照片级真实感视觉效果到真实逼真的三维角色，Maya 2010 可以帮助美术师、设计师和 CG 艺术家更加轻松地创造出极具吸引力的作品。

在 Maya 中，一个完整的动画项目从设计制作到最终渲染输出，在制作流程中包括 6 个基本的阶段：项目建立、模型创建、材质编辑、灯光布置、动画动作及渲染输出。

通过本章的学习，你将学到以下内容：

✦ 了解 Maya 的操作界面
✦ 能够掌握 Maya 的基本操作
✦ 能够掌握基本操作技巧

任务一　Maya 的基本操作

在本节讲解 Maya 的基本操作，包括视图操作、选择操作、对象变换操作等，只要熟练掌握这些操作，就可以为制作复杂的场景打下坚实的基础。

〖任务分析〗

1．制作分析

✦ 使用选择、移动、旋转、缩放工具可以选择、移动、旋转、缩放物体。

✦ 使用键盘【4】、【5】、【6】、【7】键分别产生不同的显示模式。

✦ 大纲视图的应用。

✦ Maya 视图操作。

2．工具分析

✦ 单击工具盒中的 ![icon]，单击对象表面进行选择。

✦ 单击工具盒中的 ![icon]，在视图中选中对象，可以使对象分别沿 X、Y、Z 轴进行移动。

✦ 单击工具盒中的 ![icon]，在视图中选中对象，可以使对象分别沿 X、Y、Z 轴进行旋转。

✦ 单击工具盒中的 ![icon]，在视图中选中对象，可以使对象分别沿 X、Y、Z 轴进行缩放。

✦ 执行【Window（窗口）】→【Outliner（大纲）】命令，打开 Maya 中【Outliner】窗口。

✦ 按【Alt】键，再单击鼠标中键，对视图进行转换。

✦ 执行【Edit（编辑）】→【Duplicate（复制）】命令对对象进行复制。

3．通过本任务的制作，要求掌握如下内容

✦ 学会使用选择、移动、旋转、缩放工具。

✦ 大纲视图。

✦ 坐标系问题。

✦ 对视图进行操作。

〖任务实施〗

一、选择对象

（1）在场景中建立一个对象，如图 1-1 所示。

图 1-1　建立场景

（2）在对象上单击鼠标左键或按住鼠标左键框选，可以快速地选择对象；被选择的对

象以高亮的白色显示（最后选择的物体以高亮绿色显示），如图 1-2 所示。

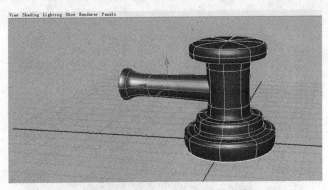

图 1-2 选择物体

（3）通过观察图 1-2 可以发现，这个模型并不是一体的，而是由两个独立的物体（左侧和右侧两个不同的物体）拼合而成的。当场景中有较多的物体时，可以通过选择菜单栏中的【Window（窗口）】→【Outliner（大纲）】命令，打开 Maya 中专门的管理器【Outliner】窗口，这便于用户观察和整理场景。

（4）打开【Outliner】对话框，如图 1-3 所示，其中包含当前场景中的所有项目。单击【group】组前面的小加号，将【group】组展开，可以看到场景中所有的模型列表，如图 1-3 所示。

图 1-3 【Outliner】对话框

二、对象变换操作

（1）在【Outliner】对话框中选中【pasted_revolvedSurface4】，然后在 Maya 视窗左边的基本工具栏里分别单击 、 、 按钮，可以对模型进行移动（快捷键是 W）、旋转（快捷键是 E）、缩放（快捷键是 R）的操作。

提到模型在三维场景中的移动，就会牵扯到三维动画软件中的坐标系问题，下面简单介绍 Maya 中的坐标系。

在 Maya 中有 3 个坐标轴向，分别为 X 轴、Y 轴和 Z 轴。当用户选中场景中某个模型，单击【移动】工具时，会看到 Maya 操作视窗中的模型中心位置会出现一个方向轴，如图 1-4 所示。

图 1-4 方向轴

此方向轴就是移动操作手柄 ■。在默认模式下，它的朝向与 Maya 操作视图左下方的轴向坐标的方向一致，都是以 Y 轴为上方向轴的世界坐标朝向，蓝色手柄代表 Z 轴，红色手柄代表 X 轴。

用鼠标左键选中其中一个轴向手柄，拖曳鼠标可以移动物体，被激活的方向轴手柄将会显示为黄色。也可以用鼠标左键按住 3 个方向轴的中心位置，对模型进行三方向移动。旋转和缩放的操作方式与此类似。

三、视图操作

按住【Alt】键，再单击鼠标左键可以旋转视图，此操作只可用于摄像机与透视图；按住【Alt】键再单击鼠标中键可以移动视图. 通过这种方法可以平移视图，以达到变换场景的目的。

小贴士 这是一种既实用也十分有趣的操作，通过按住【Alt】键. 再单击鼠标右键可以推拉视图，从而使场景中的物体放大或者缩小，能够很好地观察场景全局或者局部细节。

按住【Alt+Ctrl】组合键，再单击鼠标左键可以对场景进行局部放大。当按住该组合键后，读者可以在视图中框选相应的区域将其放大。

四、从其他视图观看场景

除了用 Maya 提供的默认透视图观看场景，还可以在其他视图中进行观看。

在 Maya 视窗选择栏中选择 ◇（透视图）和 ▦（四视图），在透视图和四视图之间切换；也可以快速按空格键来切换视图。除了透视图之外，其他 3 个视图均为正交视图，如工业设计中的三视图，这三个视图是没有透视的，如图 1-5 所示。

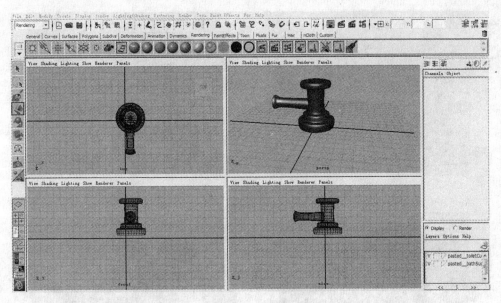

图 1-5　四视图

Maya 的操作非常灵活，将鼠标光标放在一个视图与另一个视图之间的接缝处，按住鼠标左键拖曳，可以改变视图的大小比例，如图 1-6 所示。

在视窗选择栏里还有更多的视图布局可供选择，读者可以自己进行尝试。

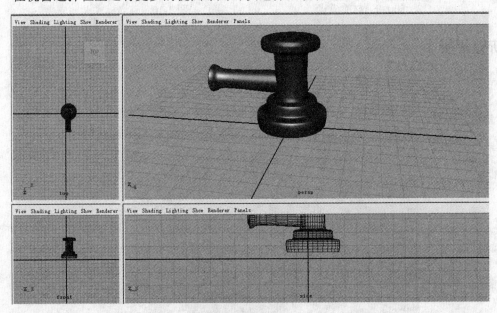

图 1-6　缩放视图布局

五、切换场景中对象的显示模式

为了方便操作和观看，按键盘上的 4、5、6、7 键可以分别以不同方式显示物体。4 为线框模式，5 为实体模式，6 为材质模式，7 为灯光模式，如图 1-7～图 1-10 所示。

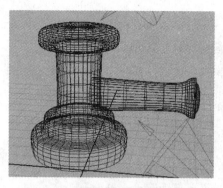
图 1-7　线框模式

图 1-8　实体模式

图 1-9　材质模式

图 1-10　灯光模式

〖 新知解析 〗

一、Maya 的操作界面

双击 Maya 启动图标后，打开 Maya 2008 操作界面，如图 1-11 所示。

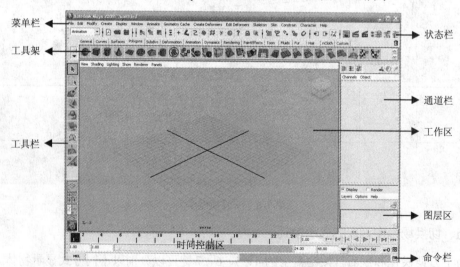
图 1-11　Maya 2008 的操作界面

1. 菜单栏

Maya 菜单栏内包含有 File（文件）、Edit（编辑）、Modify（修改）、Create（创建）、Display（显示）、Window（视窗）、Assets（保留）7 个共用菜单，其他菜单会根据状态栏内选择模块的不同而产生专用的菜单。

2. 状态栏

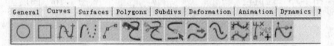

图 1-12　状态栏

在状态栏中可以切换到不同的功能模块，状态栏最前面的下拉菜单就是用来切换不同的模块。这 6 大模块分别是：Animation（动画模块）、Polygons（建模模块）、Surfaces（曲面模块）、Dynamics（动力学模块）、Rendering（渲染模块）、和 nCloth（n 布料模块）。里面还有一些常用命令的快捷按钮和工具，这些按钮和工具被分组放置，通过单击状态栏中的箭头可以展开或折叠这些组，如图 1-12 所示。

3. 工具栏

界面的最左侧即为工具箱，工具箱的上半部分放置了选择、移动、旋转、缩放工具以及最近一次选择的工具，下半部分放置了几个常用的视图布局，单击这些按钮可快速切换到定义好的布局，也可以自定义布局。

4. 工具架

状态栏的下面即为工具架，Maya 把各个模块的主要命令以图标的形式分门别类地放置在 Shelf 中，可通过直接单击这些图标来执行这些命令，还可以依据个人的工作习惯来自定义 Shelf，通过单击 Shelf 上不同的标签可切换不同的菜单图标，如图 1-13 所示。

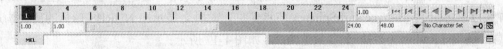

图 1-13　工具架

5. 时间控制区与命令行

控制时间滑块的范围，并可以对动画有关的一些属性进行设置，Time Slider 用于在制作动画时控制时间，左侧大部分是显示帧数的时间滑块，鼠标在上面拖动可达到相应的时间点，右侧是播放控制面板。命令行中主要包含有命令输入、命令结果、命令显示区等相应控制参数，如图 1-14 所示。

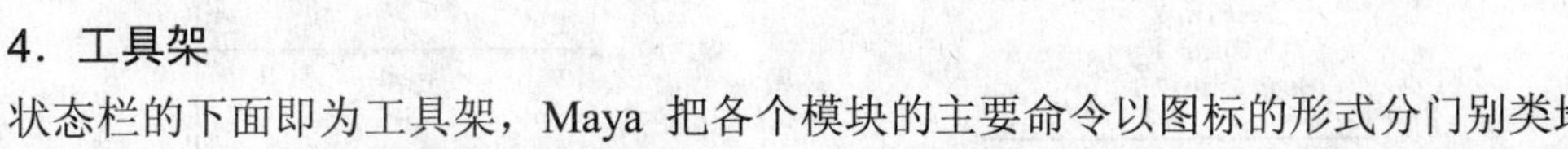

图 1-14　时间控制区与命令行

6. 通道栏和图层区

通道栏用来集中显示物体最常用的各种属性集合，如物体的长宽高、空间坐标、旋转角度等，不同类型的物体，具有不同的属性。如果对物体添加了修改器或者编辑命令。在这里还可以找到相应的参数并可以对其进行调整，如图 1-15 所示。

在通道栏的下方就是图层区，其功能主要是对场景中的物体进行分组管理，当复杂场景中有大量物体的时候，可以自定义将一些物体放置在一个图层内，然后通过对图层的操作来控制这些物体的显示、隐藏、冻结等，如图 1-16 所示。

图 1-15　通道栏

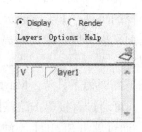

图 1-16　图层区

〖任务拓展〗

一、制作生物 DNA 链造型

（1）选择菜单栏中的【Create（创建）】→【NURBS Primitives（NURBS 基本体）】→【Sphere（体）】命令，在视图中按下鼠标左键拖动来创建 NURBS 球体。

（2）选中所创建的 NURBS 球体对象，单击菜单栏中的【Modify（修改）】→【Reset Transformations（重置变换）】命令，将物体对齐到坐标原点位置。

（3）单击状态行右侧的 图标，显示出【Channel Objects（通道盒）】面板，在【INPUTS（输入）】面板下单击 makeNurbSphere1 节点信息，此时会显示出 NURBS 球体的历史构造信息，调整【Radius（半径）】参数值为 2，如图 1-17 所示。

（4）选择 NURBS 球体对象，选择菜单栏中的【Edit（编辑）】→【Duplicate（复制）】命令，对 NURBS 球体对象进行复制。在【Channel Objects（通道盒）】面板中调整【Translate X（X 轴变换）】参数值为 10。

（5）将视图切换至 Side 视图，单击工具架中的【Surfaces（曲面）】标签，并在下方单击，选择 NURBS 圆柱形，在视图中创建 NURBS 圆柱形曲面，对对象的位置和缩放比例进行调整，如图 1-18 所示。

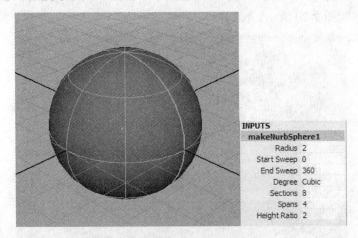

图 1-17　改变 NURBS 球体半径

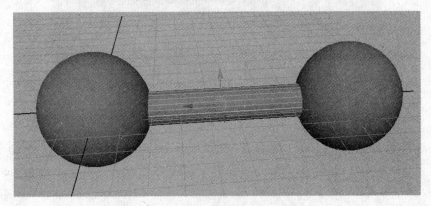

图 1-18　创建 NURBS 圆柱形曲面

（6）选择场景中所有的对象，选择菜单栏中的【Edit（编辑）】→【Group（成组）】命令，将所选择的对象进行成组操作，如图 1-19 所示。

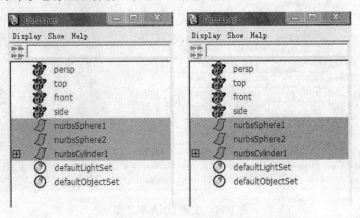

图 1-19　组层级关系的建立

（7）在【Outliner（大纲视图）】中选择 group1 对象，按【Insert】键进入轴心调整模式，使用移动工具将 group1 对象的轴心调整到中心位置，并再一次按下【Insert】键返回对象操作模式，如图 1-20 所示。

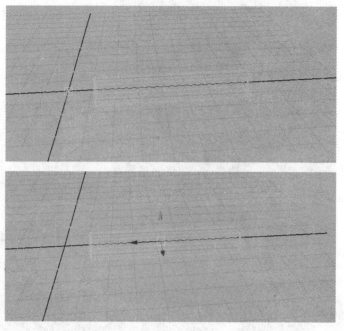

图 1-20　调整对象轴心

（8）选择菜单栏中的【Edit（编辑）】→【Duplicate Special（特殊复制）】命令右侧的按钮，打开【Duplicate Special Options（特殊复制选项）】窗口，调整【Translate（x 轴位移）】参数值为 5，【Rotate Y（y 轴旋转）】参数值为 30，【Number of copies（副本数量）】参数值为 20，单击 Duplicate Special 按钮，完成复制操作，如图 1-21 所示。

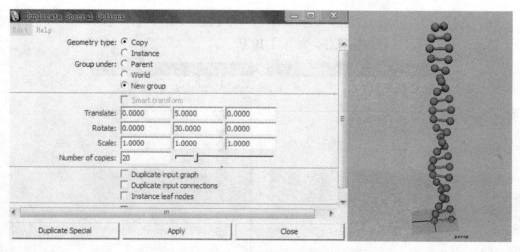

图 1-21　生物 DNA 链效果

二、镜像复制

（1）打开光盘文件"project1/object_duplicate/scenes/Female body.mb"文件，我们在本场景基础上学习关于对象镜像复制操作的知识，如图 1-22 所示。

图 1-22　Female body 场景

（2）单击状态行中的 按钮，打开【Channel Objects（通道盒）】面板，调整【Translate x（x 轴位移）】参数值为 0，将对象对齐到网格原点。

（3）按下【Insert】键，进入轴心编辑模式。在 Top 视图中，按下【X】键的同时按下鼠标中键将轴心捕捉到网格的原点处，再次按下【Insert】键返回对象编辑模式，如图 1-23 所示。

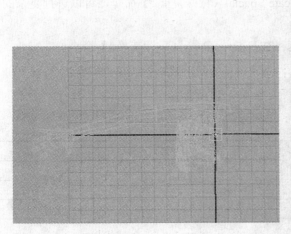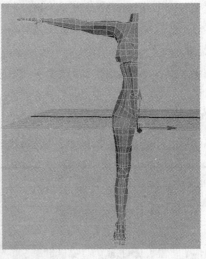

图 1-23　调整轴心点位置

（4）按下【Ctrl+D】组合键，对对象进行复制，保持新复制出的对象处于选中状态，在【Channel Objects（通道盒）】面板中设置【Scale Z（z 轴缩放）】参数值为−1，如图 1-24 所示。

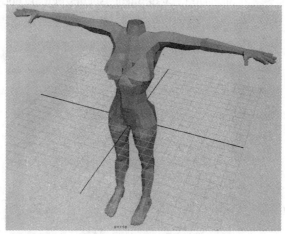

图 1-24　镜像复制

〖任务总结〗

1．在对象上单击鼠标左键或按住鼠标左键框选，可以快速选择对象。

2．通过选择菜单栏中的【Window（窗口）】→【Outliner（大纲）】命令，打开 Maya 中专门的管理器【Outliner】窗口，这便于用户观察和整理场景。

3．使用键盘上的【4】【5】【6】【7】键分别产生不同的显示模式.

4．Maya 的灵活视图操作。

5．使用【Edit（编辑）】→【Group（成组）】命令；可以对对象进行成组操作。

6．按下【Insert】键进入轴心调整模式，在特殊复制中必须进行调整。

7．执行【Edit（编辑）】→【Duplicate Special（特殊复制）】命令，可以进行复杂的复制操作。

8．执行【Modify（修改）】→【Reset Transformations（重置变换）】命令。

〖评估〗

任务一　评估表

任务一评估细则		自　评	教　师　评
1	选择对象		
2	对象变换操作		
3	视图操作		
4	从其他视图观看场景		
5	切换场景中对象的显示模式		
任务综合评估			

第 2 章　NURBS 建模

　　工业领域用来创造流线型的平滑表面，例如花瓶的外壁等，在 Maya 里面采用由 NURBS 来完成曲线的制作，NURBS 是非线性有理 B 样条（Non Uniform B-Spline）简称，是对曲线和曲面的一种数字描述。同 Maya 中的其他建模手段相比较，NURBS 更合适于创造流线型的平滑表面，主要用于工业造型表面和无缝模型的制作。同时，Maya 还提供了在 NURBS、多边形和细分曲面之间进行转化的命令，这样制作者可以根据制作需要灵活地选择模型创建手段。通过学习，可以利用 NURBS 制作一些精美的模型，如图 2-1 所示。

图 2-1　静物

通过本章的学习，你将学到以下内容：
✦ 了解 NURBS 的核心概念
✦ 能够创建、编辑曲线

✦ 能够建立 NURBS 截面图
✦ 能够利用 NURBS 进行模型的制作

任务一　使用 Revolve（旋转）制作酒杯

在各类 3D 电影中，三维建模师们需要设计多的布景、道具等。这些三维的模型很多都可以使用 NURBS 建模来完成，如酒杯、酒瓶、汽车轮胎等，如图 2-2 所示。

图 2-2　使用 Revolve 制作酒杯

〖任务分析〗

1．制作分析

✦ 使用【Revolve（旋转）】命令完成的 NURBS 曲面需要有一个旋转中心轴。
✦ 使用【Revolve（旋转）】命令完成的 NURBS 曲面需要有一个封闭或半封闭的剖切面。

2．工具分析

✦ 使用【Create（创建）】→【CV Curve Tool（CV 曲线工具）】命令，通过 CV 曲线在视图中绘制封闭或半封闭的剖切面。
✦ 使用【Control Vertex（控制点）】元素级别，对 CV 点的位置进行调整以修改曲线形态。
✦ 使用【Surfaces（曲面）】→【Revolve（旋转）】命令，对曲线进行旋转操作生成 NURBS 曲面。

3．通过本任务的制作，要求掌握如下内容：

✦ 使用【Revolve（旋转）】命令可以制作旋转成型的 NURBS 曲面。

✦ 学习【Revolve（旋转）】命令制作 NURBS 曲面的方法和步骤。

✦ 通过拓展练习能够使用【Revolve（旋转）】命令制作自己创意的 NURBS 曲面。

〖**任务实施**〗

（1）新建项目。选择【File（文件）】→【Project（项目）】→【New（新建）】命令，打开【New Project】属性窗口，在窗口中指定项目名称和位置，单击"Use Defaults"按钮使用默认的数据目录名称，单击"Accept"按钮完成项目目录的创建，如图 2-3 所示。

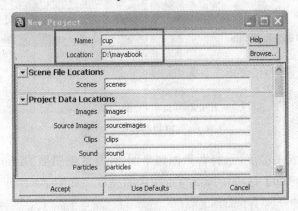

图 2-3　创建项目目录

（2）复制参照图片。将光盘中的"project 1/cup/sourceimage/cupmap.jpg"文件复制到新建项目目录下的 sourceimage 文件夹下。

（3）将视图切换至 Front 视图，选择视图菜单栏中的【View】→【Camera Attribute Editor】命令，在弹出的编辑面板中单击【Environment】选项栏下的"Create"按钮，在【Image Plane Attributes】面板中单击【Image name】右侧的按钮，在【Open】对话框中选择 cupmap.jpg 文件，如图 2-4 所示。

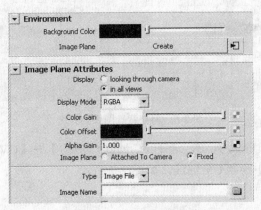

图 2-4　打开背景图像

（4）设置背景图像位置。选择背景图像平面，在【Channel Object】面板中调整【Center Z】的参数值为−10，使其位于 Front 视图网格的后方，如图 2-5 所示。

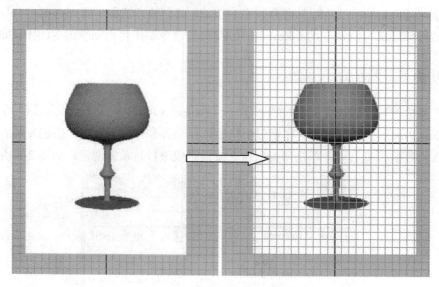

图 2-5　设置背景图像位置

（5）调整背景图像的亮度。选择背景图像平面，在属性编辑器的【Image Plane Attributes】面板中调整【Color Gain】选项，降低背景图像的亮度，如图 2-6 所示。

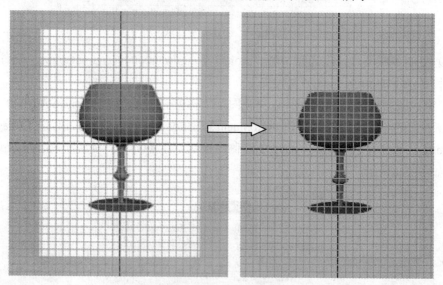

图 2-6　调整背景图像的亮度

（6）将视图切换到 Front 视图，选择【Create（创建）】→【CV Curve Tool （CV 曲线工具）】命令，在视图中绘制 CV 曲线，如图 2-7 所示。

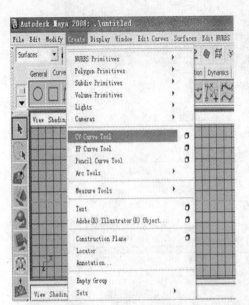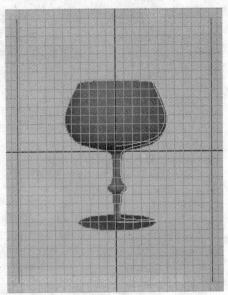

图 2-7　绘制 CV 曲线

（7）按下【F8】键，进入【Control　Vertex（控制点）】元素级别，对 CV 点的位置进行调整以修改曲线形态，如图 2-8 所示。

（8）在 Front 视图中选择靠近中轴的 CV 点，按下【X】键进行捕捉移动，将其捕捉到网格上，然后沿 Y 轴移动至合适的位置，如图 2-9 所示。

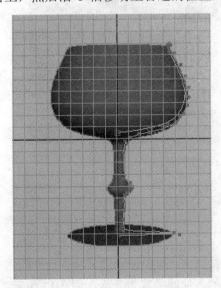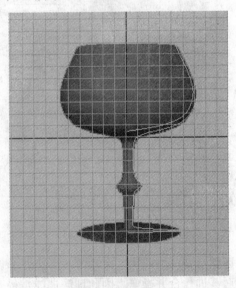

图 2-8　调整 CV 曲线　　　　　　　　　　图 2-9　调整 CV 点

（9）按【F8】键返回曲线对象级别，选择菜单栏中的【Surfaces（曲面）】→【Revolve（旋转）】命令，在属性窗口中设置 "Axis preset" 为 Y 轴，如图 2-10 所示，对曲线进行旋转操作生成 NURBS 曲面，如图 2-11 所示。

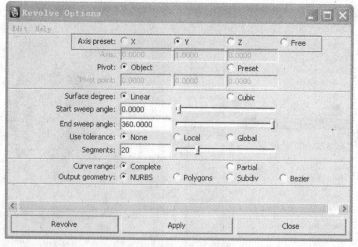

图 2-10　Revolve 属性设置

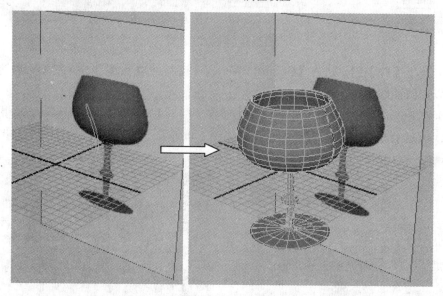

图 2-11　利用 Revolve 生成的酒杯

〖新知解析〗

一、创建曲线

曲线是创建 NURBS 模型极为重要的工具。要创建一个曲面，通常从构造曲线入手，然后对其进行合并操作。因此理解曲线是最基础的，曲线的基本元素如图 2-12 所示。

1. CV Curve Tool（控制点曲线工具）

CV 是可控点，可以用来操纵以改变曲线的形状，这些控制点并不在曲线上。选择【Create/CV Curve Tool】选项，然后单击工作区来创建曲线。创建 CV 曲线时，注意曲线的颜色，如果是白色，说明所创建的 CV 可以形成曲线了，如图 2-13 所示。

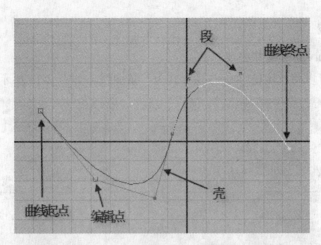

图 2-12　CV 线的元素示意图

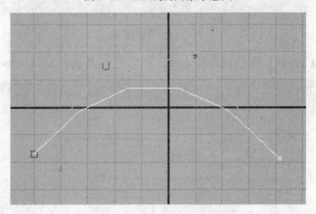

图 2-13　创建 CV 曲线

2. EP Curve Tool（编辑点曲线工具）

EP 点即曲线点，可以操纵曲线点改变曲线的形状，这些控制点就是曲线上的点。选择【Create/EP Curve Tool】选项，然后单击工作区来创建曲线，如图 2-14 所示。

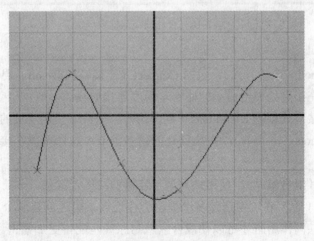

图 2-14　创建 EP 曲线

二、编辑曲线

1. Attach Curves（合并曲线）

使用该命令可以将选定的两条曲线合并为一条曲线，如图 2-15 所示。

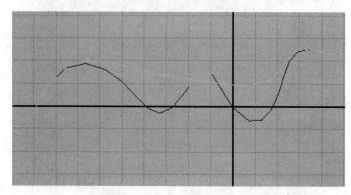

图 2-15　合并曲线

选择【Attach Curves】命令后面的方块，可以打开其属性窗口，如图 2-16 所示。

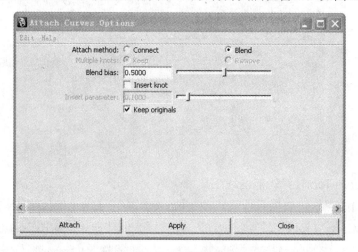

图 2-16　合并曲线属性窗口

其属性如下：

✦ Attach method（连接方式）：包括 Connect（连接）和 Blend（混合）两种方式。

　Connect：在接点处使用最小的曲率平滑度连接曲线。

　Blend：在接点处根据 Blend bias（混合偏差）的数值设定连接的平滑程度。

✦ Multiple knots（多个节）：在接点处创建多个节，这样可以在接点处使用不连续的曲率。

✦ Blend bias（混合偏差）：使用该项调节连接曲线的连续性。

✦ Insert knots（插入节）：勾选该复选框将会在连接点附近创建两个新的节。它与 Insert parameter 共同作用时才可以使混合区域与原线匹配得更加紧密。

✦ Insert parameter（插入参数）：当 Insert knots 开启时可以调整新添加节的位置。

✦ Keep originals（保持原始）：在创建新的连接曲线后，保留原始曲线。

2．Detach Curves（分离曲线）

使用该命令可以将一条曲线分离为两条曲线或断开封闭的曲线，其操作如下。

（1）在已有的曲线上单击鼠标右键，在弹出的菜单中选择 Curve Point（曲线点），将曲线设置为曲线点模式，然后选择曲线的任意一点，如图 2-17 所示。

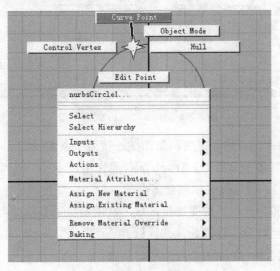

图 2-17　设置曲线模式

（2）选择【Edit Curve/Detach Curves】选项分离曲线。

3．Align Curves（对齐曲线）

使用该选项可以将两条曲线的起点或结束点对齐，如图 2-18（对齐前）和图 2-19（对齐后）所示。

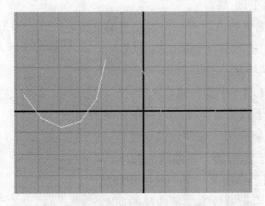

图 2-18　对齐曲线（对齐前）

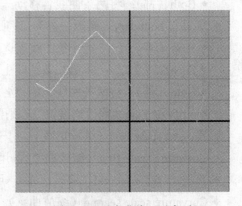

图 2-19　对齐曲线（对齐后）

选择【Align Curves】命令后的方块，打开其属性窗口，如图 2-20 所示。

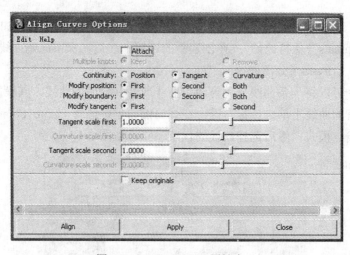

图 2-20 Align Curves 属性窗口

✦ Attach（连接）：勾选此项可将两条曲线连接为一条曲线。

✦ Multiple knots（多个节）：与 Attach 配合起作用。

　● Keep（保持）：在连接区域创建多个节。

　● Remove（删除）：在不改变连接区域形状的前提下删除尽可能多的节点。

✦ Continuity（连续性）：控制曲线的连续性。

　● Position（位置）：保证两个点的严密结合。

　● Tangent（切线）：可以保证两个点的切线相互配合。

　● Curvature（曲率）：保证结合点有相同的曲率。

✦ Modify position（修改位置）：该项用于修改对齐后曲线的位置。

　● First（第一）：将第一条曲线全部移动到第二条曲线上。

　● Second（第二）：将第二条曲线全部移动到第一条曲线上。

　● Both（都）：将两条曲线各移动一半的距离。

✦ Modify boundary（修改边界）：该项用于修改对齐后曲线边界的位置。

　● First（第一）：将第一条曲线上选中的点移动到第二条曲线上。

　● Second（第二）：将第二条曲线上选中的点移动到第一条曲线上。

　● Both（都）：将两条曲线上的点各移动一半的距离。

✦ Modify tangent（修改切线）：该项用于修改第一条或第二条曲线的切线。

✦ Tangent scale first（缩放切线）：用于缩放第一条曲线的切线值。

✦ Curvature scale first（缩放曲率）：用于缩放第一条曲线的曲率。

✦ Tangent scale second（缩放切线）：用于缩放第二条曲线的切线值。

✦ Curvature scale second（缩放曲率）：用于缩放第二条曲线的曲率。

✦ Keep originals（保留原始）：用于保留原始曲线。

4．Add Point Tool（添加点工具）

该命令用于为已创建完成的曲线添加点，以达到精确控制曲线的目的。其操作方法如下：

（1）创建一条曲线并选择，如图 2-21 所示。

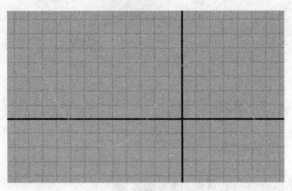

图 2-21　创建曲线

（2）选择【Edit Curves】→【Add Points Tool】命令，然后在工作区中单击任意位置添加新的点，如图 2-22 所示。

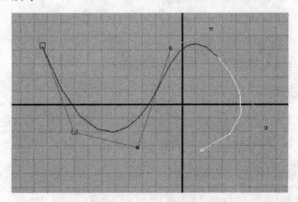

图 2-22　添加新点

（3）按下鼠标中键可以转换为移动工具，对点进行移动，如图 2-23 所示。

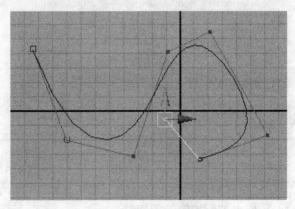

图 2-23　移动点

5．Modify Curves（修改曲线）

✦ Modify Curves 用于对曲线的形态进行修改。它包含多个子菜单，如图 2-24 所示。

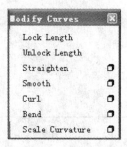

图 2-24　修改曲线菜单

✦ Lock Length（长度锁定）：锁定曲线的长度。

✦ Unlock Length（解除锁定）：解锁曲线的长度。

✦ Straighten（伸直）：伸直弯曲的曲线。

✦ Smooth（平滑）：对曲线进行平滑处理。

✦ Curl（卷曲）：可卷曲曲线。

✦ Bend（弯曲）：创建弯曲的曲线。

✦ Scale Curvature（缩放曲率）：缩放曲线的曲率。

三、Revolve（旋转）

Revolve 命令可以将一个轮廓线绕一个轴旋转而生成一个曲面。选择【Revolve】命令项后面的方块，打开旋转属性窗口，如图 2-25 所示。

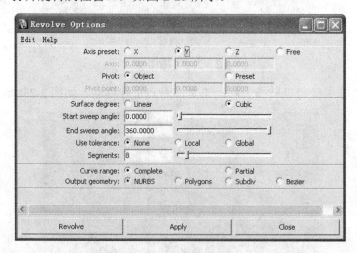

图 2-25　旋转属性窗口

Axis preset（轴预置）：设置旋转的轴，默认为 Y 轴，如图 2-26 所示。

✦ Axis（轴）：输入数值来控制旋转的预置轴。

✦ Pivot（枢轴）：控制旋转中心的枢轴位置。

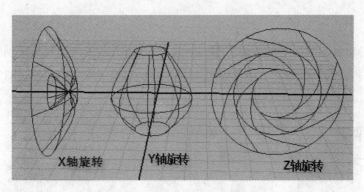

图 2-26　曲线按不同轴旋转效果

- Object（对象）：旋转操作将使用默认的枢轴位置。
- Preset（预设）：通过输入 X、Y、Z 的数值来控制位置。

✦ Pivot point（枢轴位置）：在此输入预设值来确定枢轴位置。Pivot 设置为 Preset 模式时才有效。

✦ Curve range（曲线范围）：控制曲线被旋转的范围。

- Complete（全部）：选择此项将按照完整的曲线生成全面的曲面。
- Partial（局部）：选择此项将生成一个子曲线，缩短子曲线的长度将会缩短旋转曲面的长度。

✦ Output geometry（输出几何形态）：选择该项将生成几何体的形态，可以选择生成 NURBS、多边形、细分和贝塞尔 4 种曲面类型。

〖 **任务拓展** 〗

利用 Revolve 创建一个汽车轮胎，如图 2-27 所示。

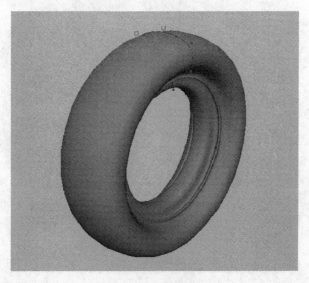

图 2-27　汽车轮胎

操作步骤：

（1）打开 Maya 软件，在 Front 视图中创建轮胎的剖面图，如图 2-28 所示。

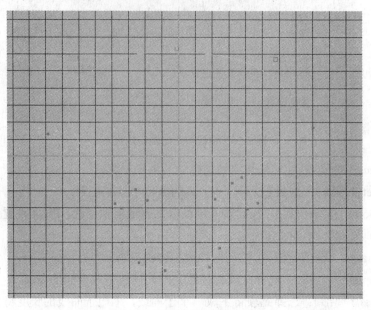

图 2-28　轮胎剖面图

（2）选择"Move tool（移动工具）"，选择曲线并按下【Insert】键，进入轴心点调整模式，使用移动工具将中心点移动到曲线下端，如图 2-29 所示，再次按下【Insert】键返回对象模式。

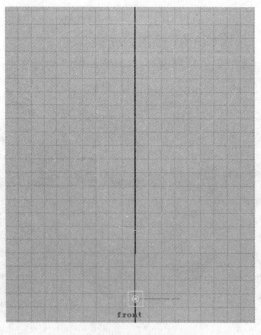

图 2-29　移动曲面轴心点

（3）选择菜单栏中的【Surfaces（曲面）】→【Revolve（旋转）】命令后面的小方块，选择旋转轴为 X 轴，对曲线进行旋转操作，生成 NURBS 曲面，如图 2-30 所示。

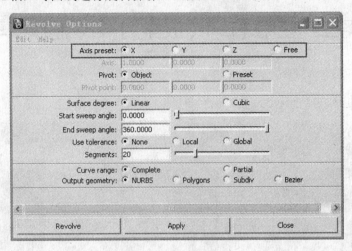

图 2-30　设置旋转属性

〖任务总结〗

（1）使用【Revolve（旋转）】命令可以将一条轮廓线绕一条轴旋转而创建一个曲面。

（2）存在两个靠近中轴的 CV 点，在制作时应该分别进行网格捕捉，使其处于同一条垂直轴上。

（3）轴心点应该是整个轮胎的中心而不是剖面的中心。

（4）选择曲线并按下【Insert】键，进入轴心点调整模式，使用移动工具对轴心点的位置进行调整，并按下【Insert】键返回对象模式。

（5）在对曲线形状进行修改的过程中，如果要使曲线对称位置的 CV 点向中心靠拢或远离，可以使用缩放工具进行操作，这样可以得到比较对称的形状。

〖评估〗

任务一　评估表

任务一评估细则		自　评	教 师 评
1	曲线工具的使用		
2	曲线的编辑		
3	曲线的旋转		
4	轴心点的移动		
5	旋转的属性设置		
任务综合评估			

任务二 使用【Loft（放样）】命令制作罗马柱

具体效果如图 2-31 所示。

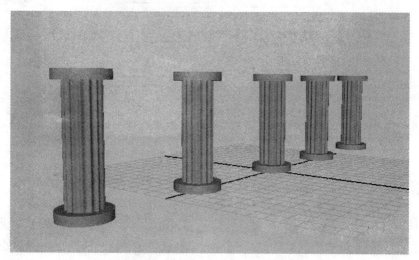

图 2-31 罗马柱

〖任务分析〗

1. 制作分析

✦ 使用【Loft（放样）】命令完成的 NURBS 曲面需要有多个截面轮廓线。

✦ 使用【Loft（放样）】命令构建曲面时，参与放样的曲线最好具有相同的段数，这样才能得到比较平滑的曲面形状。

2. 工具分析

✦ 使用【Create（创建）】→【CV Curve Tool （CV 曲线工具）】命令在视图中绘制 CV 曲线来完成封闭的横截面的创建。

✦ 使用【Edit Curve（编辑曲线）】→【Rebuild（重建曲线）】调整段数值，对曲线进行重建。

✦ 使用【Surfaces（曲面）】→【Loft（放样）】命令，对曲线进行【Linear（线性）】方式放样操作。

3. 通过本任务的制作，要求掌握如下内容

✦ 使用【Loft（放样）】命令可以制作放样成形的 NURBS 曲面。

✦ 学习【Loft（放样）】制作放样成形的 NURBS 曲面的步骤。

✦ 能够运用【Planar（平面）】命令进行平面成型操作。

✦ 通过拓展练习能够使用【Loft（放样）】命令制作自己创意的 NURBS 曲面。

〖**任务实施**〗

（1）新建项目。选择【File（文件）】→【Project（项目）】→【New（新建）】命令，打开 "New Project" 属性窗口，在窗口中指定项目名称和位置，单击 "Use Defaults" 按钮使用默认的数据目录名称，单击 "Accept" 按钮完成项目目录的创建，如图 2-32 所示。

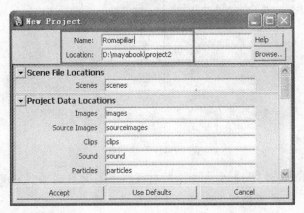

图 2-32　创建项目目录

（2）将视图切换到 Top 视图，单击【Surface（曲面）】标签下的 ◯ 按钮，在视图中绘制 NURBS 圆形曲线。选择【Display（显示）】→【NURBS】→【CVs（控制点）】命令显示曲线的 CV 点，如图 2-33 所示。

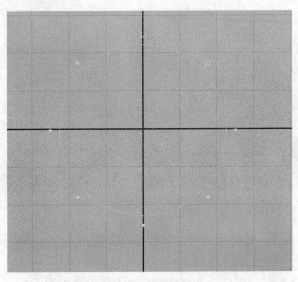

图 2-33　绘制曲线

（3）保持圆形在选择状态下，选择【Edit Curve（编辑曲线）】→【Rebuild Curve（重建曲线）】命令右侧的 ▢ 按钮，打开【Rebuild Curve Option（重建曲线窗口）】，在【Rebuild Type（重建类型）】选项中选择【Uniform（统一）】方式，并调整【Number of spans（曲线段数）】为 30，单击 Rebuild 按钮对曲线进行重建，如图 2-34 所示。

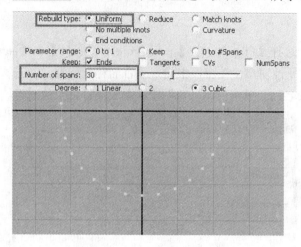

图 2-34　重建曲线

说明：使用【loft（放样）】生成曲面的时候，参与放样的曲线应具有相同的段数，才会生成平滑的曲面；如果不相同，则可能无法生成曲面。

（4）选择曲线并按下【Ctrl+D】组合键，对曲线进行复制，使用移动工具和缩放工具进行调整，如图 2-35 所示。

（5）选择直径小的圆形，按下【F8】键进入曲线点级别，按下【Shift】键对 CV 点进行隔点选择并缩放，使所选点向中心靠拢，如图 2-36 所示。

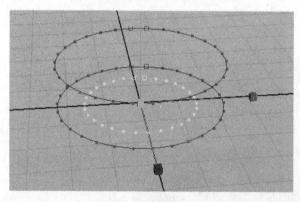

图 2-35　复制调整曲线

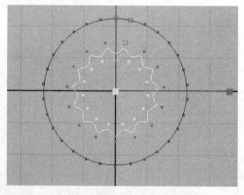

图 2-36　CV 点调整

（6）选择 Front 视图，选择所有的曲线按【F8】键进入到对象级别并复制，对复制出的曲线进行移动调整，如图 2-37 所示。

（7）按下【Shift】键按顺序依次选择曲线，单击菜单栏中的【Surfaces（曲面）】→【loft（放样）】命令右侧的 ▢ 按钮，在【Loft　Option（放样选项）】窗口中的【Surface degree

（曲面方式）】选项下选择【Linear（线性）】方式，如图 2-38 所示。单击 [　Loft　] 按钮进行放样操作，产生罗马柱体模型，如图 2-39 所示。

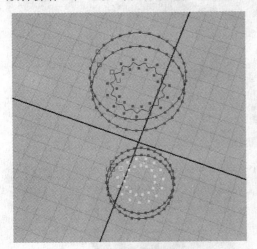

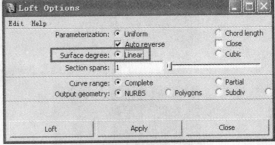

图 2-37　复制曲线　　　　　　　　　　图 2-38　放样选项窗口

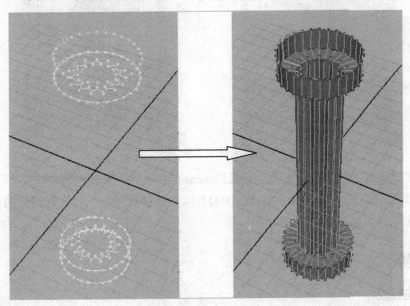

图 2-39　罗马柱主体生成

说明：使用【loft（放样）】命令生成曲面时，参与放样的曲线的起点位置应当保持相同的方向，否则可能会产生扭曲的曲面，如图 2-40 所示。

（8）在对象上右击，在弹出的标记菜单中选择【Isoparm（结构线）】元素级别，选择柱体顶端的结构线，选择【Surfaces（曲面）】→【Plannar（平面）】命令进行平面成型操作，生成顶端平面，如图 2-41 所示。

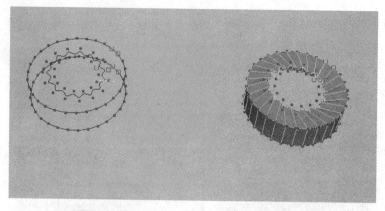

图 2-40　曲线起点方向不一致产生的曲面

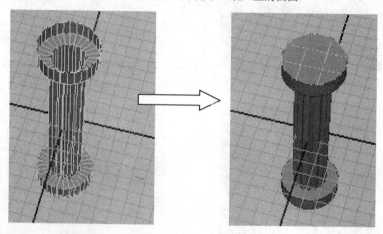

图 2-41　平面成型

（9）选择底部的结构线，再次运行【Plannar（平面）】，生成底部的平面。

（10）选择生成的罗马柱体，按【Ctrl+D】组合键进行复制，并进行相应的位置调整，形成罗马柱阵列，如图 2-31 所示。

〖新知解析〗

一、曲线放样

Soft（曲线放样）命令可以根据所绘制的多条曲线按照所选择的顺序两两依次生成多个曲面。单击 Soft 命令项后面的 ❑ 按钮，打开放样选项窗口，如图 2-42 所示。

✦ Parameterization（参数化）：设置放样曲面的参数

 • Uniform（统一）：可以保证轮廓曲线与 V 方向平行。

 • Chord length（弦长）：生成的曲线在 U 方向上的参数值将根据轮廓线起点间的距离而定。

 • Auto reverse（自动反向）：如果关闭此项，曲线保持原有的状态，可能会导致生成错误的曲面。

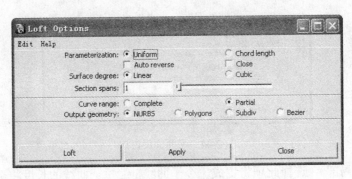

图 2-42 放样选项窗口

- Close（闭合）：该项决定生成的曲面在 U 方向和 V 方向上是否是闭合的，如图 2-43 所示。

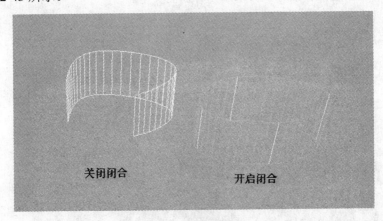

图 2-43 闭合的应用

✦ Surface degree（曲面样式）：设置生成曲面是线性（linear）样式还是立方体（Cubic）样式。

✦ Section spans（跨度）：设置两条曲线生成的放样曲线之间的段数。

✦ Curve range（曲线范围）：可以设置为 complete（全部）和 partical（部分），如果设置为部分，可以使用数值来修改用以生成曲面的曲线范围。

✦ Output geometry（输出几何图形）：设置所生成的曲面的几何体形态，可以是 NURBS、多边形、细分和贝塞尔 4 种类型。

二、Planar（平面）

该命令可以由一条或多条曲线生成一个修剪的平面。用于该操作的曲面必须是一条封闭曲线且处于同一个平面。单击 Planar 命令项后面的 □ 按钮，打开平面选项窗口，如图 2-44 所示。

✦ Degree（方式）：设置生成曲面是线性（Linear）样式还是立方体（Cubic）样式。

✦ Curve range（曲线范围）

- Complete（全部）：选择此项将按照完整的曲线生成全面的曲面。

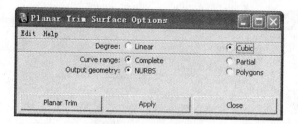

图 2-44 平面选项窗口

✦ Partial（局部）：选择此项将生成一个子曲线，缩短子曲线的长度将会缩短旋转曲面的长度。

✦ Output geometry（输出几何形态）：选择该项将生成几何体的形态，可以选择生成 NURBS、多边形、细分和贝塞尔 4 种曲面类型。

〖任务拓展〗

利用 Soft 命令创建一个牙膏模型，如图 2-45 所示。

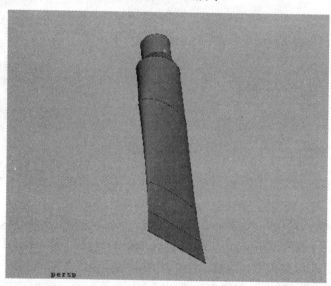

图 2-45 牙膏模型

操作步骤：

（1）打开 Maya 软件，在 Top 视图中创建牙膏的剖面图，调整剖面图，使之与牙膏的各部分相对应，调整时注意各视图的对照，如图 2-46 所示。

（2）按住【Shift】键从上而下依次选择各剖面图，选择【Surfaces（曲面）】→【loft（放样）】命令右侧的 □ 按钮，在【Loft Option（放样选项）】窗口中的【Surface degree（曲面方式）】选项下选择【Cubic（立方曲线）】方式，如图 2-47 所示。单击 Loft 按钮进行放样操作，产生牙膏模型。

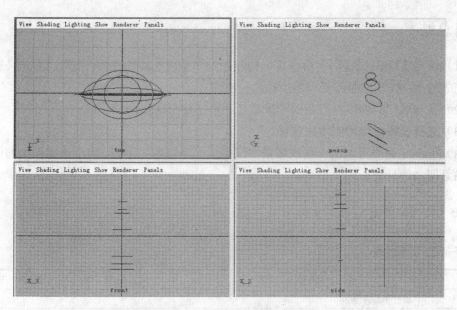

图 2-46　创建并调整牙膏的剖面图

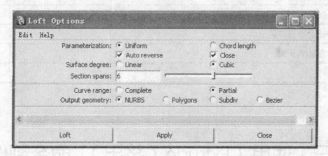

图 2-47　放样选项窗口

（3）在对象上右击，在弹出的菜单中选择【Isoparm（结构线）】元素级别，选择牙膏顶端的结构线，选择【Surfaces（曲面）】→【Plannar（平面）】命令进行平面成型操作，生成顶端平面，如图 2-48 所示。

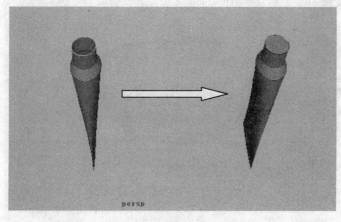

图 2-48　平面成型

〖任务总结〗

（1）使用【Loft（放样）】命令可以构建经过多个轮廓线的曲面，使用【Loft（放样）】命令完成的 NURBS 曲面需要有多个截面轮廓线。

（2）参与放样的曲线具有相同的段数才不至于使形状扭曲。

（3）选择曲线时要按照次序选择。

（4）Plannar 命令可以由一条或多条曲线生成一个修剪的平面，用于该操作的曲面必须是一条封闭曲线且处于同一个平面。

〖评估〗

任务二　评估表

	任务二评估细则	自　评	教 师 评
1	曲线工具的使用		
2	单面图的制作		
3	Loft 命令选项的理解		
4	Plannar 命令选项的理解		
5	任务的制作步骤		
任务综合评估			

任务三　使用【Extrude（挤出）】命令制作茶壶

具体效果如图 2-49 所示。

图 2-49　茶壶模型

〖 任务分析 〗

1．制作分析

✦ 使用【Revolve（旋转）】命令完成壶体与壶盖的制作。

✦ 使用【Extrude（挤出）】命令制作壶的把手和壶嘴。

✦ 使用【Extrude（挤出）】命令可以将一个曲线图形沿一条曲线路径产生模型。

✦ 使用【Circular fillet（圆形全角）】命令使壶的把手和壶嘴与壶身的接触处产生圆形倒角曲面。

✦ 使用【Project Curve on Surface（投射曲线到曲面）】制作曲线的曲面投射。

2．工具分析

✦ 使用【Create（创建）】→【CV Curve Tool （CV 曲线工具）】命令在视图中绘制 CV 曲线来完成封闭横截面的创建。

✦ 使用【Surfaces（曲面）】→【Revolve（旋转）】命令，对曲线进行旋转产生模型。

✦ 使用【Surfaces（曲面）】→【Extrude（挤出）】命令，进行壶把与壶嘴的制作，制作时 Scale（缩放）选项的设置会使模型产生出逐渐缩小的效果。

3．通过本任务的制作，要求掌握如下内容

✦ 使用【Revolve（旋转）】命令可以制作放样成形的 NURBS 曲面。

✦ 学习【Extrude（挤出）】命令制作挤出成形的 NURBS 曲面的步骤。

✦ 能够运用【Project Curve on Surface（投射曲线到曲面）】命令制作曲线的曲面投射。

✦ 能够运用【Trim tool（修剪工具）】对曲面进行修剪。

〖 任务实施 〗

（1）新建项目。选择【File（文件）】→【Project（项目）】→【New（新建）】命令，打开"New Project"属性窗口，在窗口中指定项目名称和位置，单击"Use Defaults"按钮使用默认的数据目录名称，单击"Accept"按钮完成项目目录的创建，如图 2-50 所示。

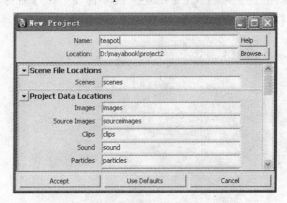

图 2-50　创建项目目录

（2）将视图切换到 Front 视图，选择【Create（创建）】→【CV Curve Tool（CV 曲线工

具）】绘制壶身的轮廓曲线，如图 2-51 所示。

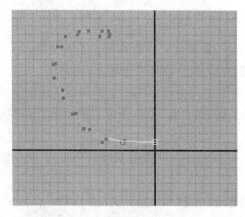

图 2-51　绘制壶身曲线

（3）选择绘制的曲线，选择【Surfaces（曲面）】→【Revolve（旋转）】命令，使曲线旋转 360 度，产生壶体模型，如图 2-52 所示。

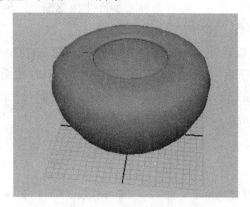

图 2-52　壶体模型

（4）选择【Create（创建）】→【CV Curve Tool（CV 曲线工具）】命令绘制壶盖的轮廓曲线，如图 2-53 所示，选择【Surfaces（曲面）】→【Revolve（旋转）】命令，旋转产生壶盖模型。

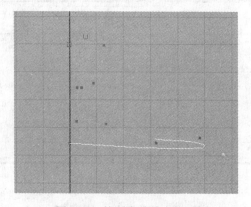

图 2-53　绘制壶盖轮廓曲线

（5）利用 CV 曲线工具在 Front 视图中绘制茶壶把手的曲线图形，如图 2-54 所示。

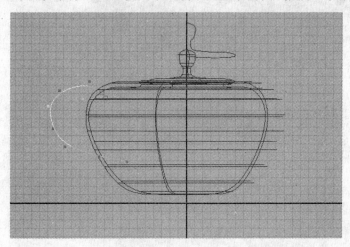

图 2-54　绘制把手曲线

（6）选择 Size 视图，执行【Create（创建）】→【NURBS Primitives（NURBS 基本体）】→【Circle（圆形）】命令，创建圆形曲线，如图 2-55 所示。

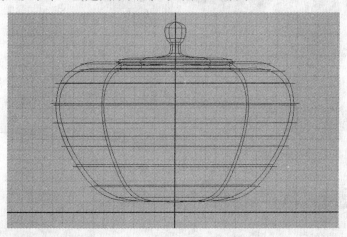

图 2-55　创建圆形曲线

（7）选择圆形图形，再增加选择曲线模型，然后执行【Surfaces（曲面）】→【Extrude（挤出）】命令，在弹出的属性窗口中设置 Result position（结果位置）为 At path（在路径）、Pivot（枢轴）为 Component（部件），然后单击 "Apply"（应用）按钮，完成操作，挤出的茶壶把手如图 2-56 所示。

（8）选择 Front 视图，使用 CV 曲线工具绘制壶嘴的曲线图形，如图 2-57 所示。

（9）选择 Size 视图，执行【Create（创建）】→【NURBS Primitives（NURBS 基本体）】→【Circle（圆形）】命令，创建圆形曲线，将圆形网线调节到壶嘴的曲线位置，依次选择圆形和曲线，执行【Surfaces（曲面）】→【Extrude（挤出）】命令，在弹出的属性窗口中设置 Scale（缩放）值为 0.25，使挤出的模型逐渐产生缩小的效果，如图 2-58 所示。

图 2-56　把手模型效果

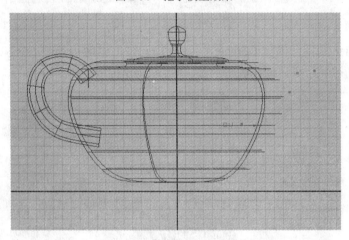

图 2-57　绘制壶嘴曲线

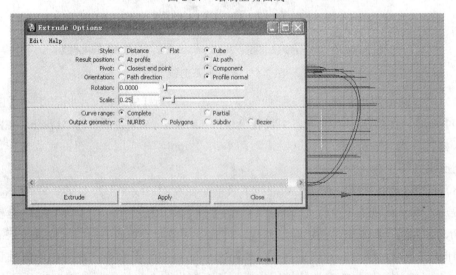

图 2-58　挤出壶嘴设置

（10）单击"Apply"按钮，挤出壶嘴模型，如图 2-59 所示。

图 2-59　壶嘴模型效果

（11）选择壶身与壶嘴，执行【Edit NURBS（编辑 NURBS）】→【Surface Fillet（曲面倒角）】→【Circular Fillet（圆形倒角）】命令，在弹出的属性窗口中勾选"Create curve on surface"（在曲面上创建曲线），将在壶身与壶嘴的连接处产生圆形倒角曲面，如图 2-60 所示。

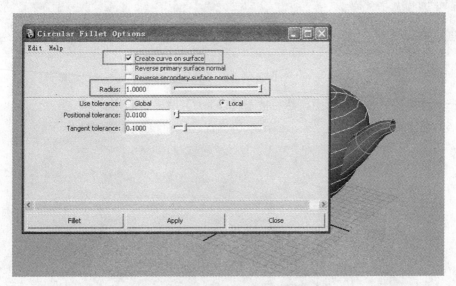

图 2-60　圆形倒角设置

（12）圆形倒角会在两模型交接位置产生过渡效果，如图 2-61 所示。

（13）选择壶身与把手，执行【Edit NURBS（编辑 NURBS）】→【Surface Fillet（曲面倒角）】→【Circular Fillet（圆形倒角）】命令，在弹出的属性窗口设置 Radius（半径）值为 0.5，使相交处产生过渡效果。

图 2-61　圆形倒角过渡效果

（14）选择茶壶把手模型，执行【Edit NURBS（编辑 NURBS）】→【Trim Tool（修剪工具）】命令，在将要保留的模型区域单击鼠标左键，选择完毕后按下【Enter】键完成操作，将多余的重叠模型部分修剪掉，如图 2-62 所示。

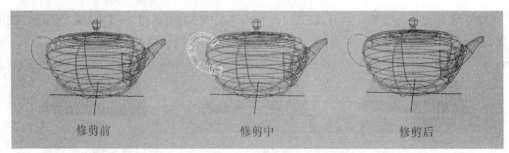

修剪前　　　　　　　　　　修剪中　　　　　　　　　　修剪后

图 2-62　修剪图形

（15）选择多余的重叠模型，然后按下【Delete】键将其删除。

（16）选择 CV 曲线工具，在茶壶出水口位置绘制曲线，如图 2-63 所示。

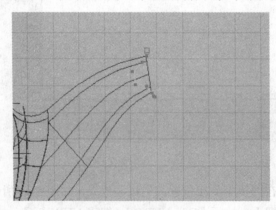

图 2-63　绘制出水口曲线

（17）选择曲线和壶嘴模型，执行【Edit NURBS（编辑 NURBS）】→【Project Curve on

surface（投射曲线到曲面）】命令，在弹出的属性窗口中设置 Project along（投射方向）为 Active View（活动视图）方式，投射出壶嘴的效果，如图 2-64 所示。

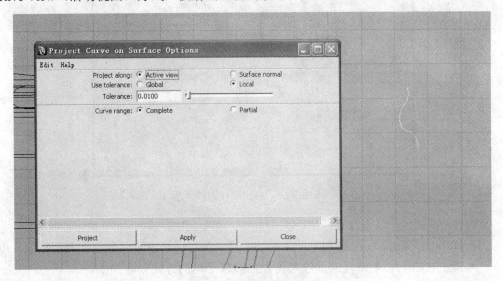

图 2-64　投射曲线到曲面

（18）选择壶嘴模型，执行【Edit NURBS（编辑 NURBS）】→【Trim Tool（修剪工具）】命令，在将要保留的模型区域单击鼠标左键，选择完毕后按下【Enter】键完成操作，将多余的重叠模型部分修剪掉，最终的效果如图 2-65 所示。

图 2-65　茶壶模型效果

〖新知解析〗

一、Extrude（挤出）

该命令可以由一条路径曲线和一条轮廓曲线生成一个曲面。单击菜单【Surfaces（曲面）】→【Extrude（挤出）】命令后面的 ▢ 按钮，可以打开挤出属性窗口，如图 2-66 所示。

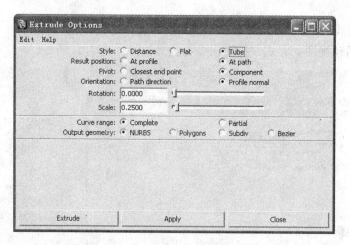

图 2-66　挤出属性窗口

✦ Style（类型）：该项设置挤出的类型。

• Distance（距离）：只按轮廓线来挤出曲面，在对话框中输入数值控制挤出的长度。

• Flat（平坦）：使用轮廓曲线和路径曲线以平坦的方式创建曲面。

• Tube（管状）：使用轮廓曲线和路径曲线以管状的方式创建曲面。

✦ Result Position（位置）：只有 Style 为 Flat 和 Tube 时才使用该项。

• At profile（轮廓）：在轮廓曲线的位置处创建凸起的曲面。

• At path（路径）：在路径曲线的位置处创建凸起的曲面。

✦ Pivot（枢轴）：只有 Style 为 Tube 时才使用该项。

• Closest end point（最近端点）：如果选择该项，将会使用距离界限框中心最近的路径端点，此端点用于所有轮廓曲线的枢轴点。

• Component（成分）：如果选择该项，表示各轮廓曲线的枢轴点用于拉伸轮廓曲线，挤出时就会按照轮廓曲线拉伸。

✦ Orientation（方位）：只有 Style 为 Tube 时才可设置此项。

• Path direction（路径方向）：拉伸的方向将由路径曲线的方向决定。

• Profile normal（轮廓法线）：由轮廓的法线方向决定挤出的方向。

• Rotation（旋转）：在沿路径曲线拉伸时，逐渐旋转轮廓曲线。

• Scale（缩放）：在没有路径拉伸时，逐渐缩放轮廓曲线。

• Curve range（曲线范围）：Complete 为全部范围，如果设置为局部范围，将可以使用曲线修改曲线的范围。

• Output geometry（输出几何图形）：选择生成几何图形的形态，可以选择生成 NURBS、多边形、细分和贝塞尔 4 种曲面类型。

二、Bevel（倒角）

该项命令可以通过任一条曲线生成一个带有倒角的拉伸曲面。单击倒角工具后面的 ▢ 按钮，打开倒角属性窗口，如图 2-67 所示。

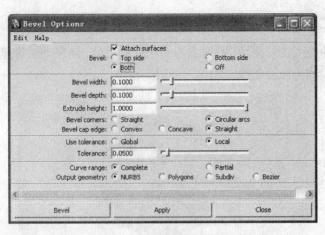

图 2-67   倒角属性窗口

✦ Attach surface（合并曲线）：勾选此项，系统将连接生成曲面的每个部分。

✦ Bevel（倒角）：指定以何种方式创建倒角。

• Top side（顶部）：创建顶部的倒角曲面。

• Bottom side（底部）：创建底部的倒角曲面。

• Both（都）：创建顶部和底部的倒角曲面。

• Off（无）：不创建倒角曲面。

• Bevel width（倒角宽度）：指定倒角曲面的宽度。

• Bevel depth（倒角深度）：指定倒角曲面的深度。

• Extrude height（拉伸高度）：拉伸曲面的高度。

✦ Bevel corners（倒角曲面拐角）：设置倒角的处理方式。

• Straight（直角）：生成的曲面夹角为直角。

• Circular arcs（圆形角）：生成的曲面夹角为圆角。

✦ Bevel cap edge（倒角盖边）：设置倒角边部分的处理方式。

• Convex（凸起）：使倒角边的部分凸起。

• Concave（凹陷）：使倒角边的部分凹陷。

• Straight（直）：使倒角边的部分保持直线。

✦ Use tolerance（使用公差）：如果设置为 Global（全局），将会使用 Preferences（参数）窗口中 Setting（设置）部分的 Positional（位置）公差；如果设置为 Local（局部），则在该属性窗口中输入参数，而忽略 Preferences（参数）窗口的 Positional（位置）公差。

• Tolerance（公差）：该项用来设置输入局部公差的数值。

• Curve range（曲线范围）：如果该项设置为 Complete（完全），则整条曲线进行倒角操作，如果设置为 Partial（部分），则使用曲线的一段进行倒角操作。

• Output geometry（输出几何形态）：选择生成几何体的形态，可以选择生成 NURBS、多边形、细分和贝塞尔 4 种曲面类型。

三、Project Curve on Surface（映射曲线到曲面）

该项可以在曲面上映射曲线，映射曲线对于面的修剪、路径动画等操作是极为重要的，映射到曲面的曲线称为曲面曲线，如图 2-68 所示。

图 2-68　映射曲线到曲面

执行【Edit NURBS（编辑 NURBS）】→【Project Curve on Surface（映射曲线到曲面）】命令后面的 ▢ 按钮，打开 Project Curve on Surface（映射曲线到曲面）属性窗口，如图 2-69 所示。

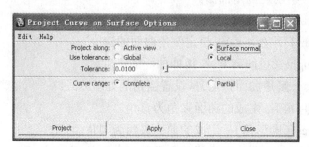

图 2-69　映射属性窗口

✦ Project along（沿……映射）：设置是沿视图法线还是沿曲面法线进行映射。

✦ Use tolerance（使用公差）：在原始曲线的指定公差范围内进行映射。如果设置为 Global（全局），将会使用 Preferences（参数）窗口中 Setting（设置）部分的 Positional（位置）公差，如果设置为 Local（局部），则在该属性窗口中输入参数，而忽略 Preferences（参数）窗口的 Positional（位置）公差。

✦ Tolerance（公差值）：此项用来设置局部公差的数值。

✦ Curve rang（曲线范围）：如果该项设置为 Complete（完全），则整条曲线进行映射操作，如果设置为 Partial（部分），则使用曲线的一段进行映射操作。

四、Trim tool（修剪工具）

该项用来修剪曲面，使其保留某个特定区域而删除其他部分，用来修剪曲面的曲线必须是曲面曲线，如图 2-70 所示。

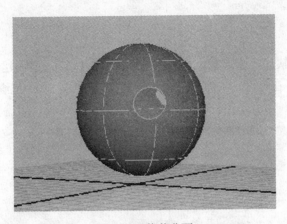

图 2-70　修剪曲面

选择【Edit NURBS（编辑 NURBS）】→【Trim Tool（修剪工具）】命令后面的 ▢ 按钮，打开修剪工具属性窗口，如图 2-71 所示。

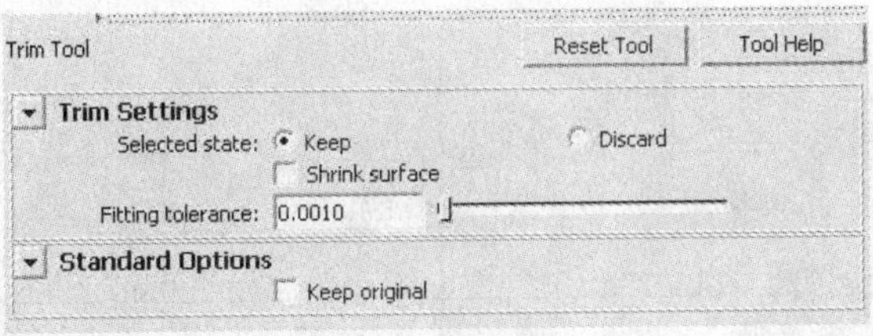

图 2-71　修剪工具属性窗口

Selected state（选择模式）：设置为 Keep（保留），则保留选择的部分，设置为 Discard（丢弃），则保留未选定的部分。

Shrink surface（收缩曲面）：勾选此项，选取面将会缩小到刚好覆盖保留区域的大小。需要注意的是此操作不能用取消修剪面恢复。

Fitting tolerance（适合公差）：通过输入公差值来修改修剪的精度。

Keep original（保留原始）：修剪后可以保留原始物体。

〖任务扩展〗

利用 Bevel（倒角）制作三维文字，如图 2-72 所示。

图 2-72　三维文字效果

〖**操作步骤**〗

（1）打开 Maya 软件，选定 Front 视图，执行菜单【Create（创建）】→【Text（文本）】命令后面的 ▢ 按钮，在打开的文本属性窗口中的文本框中输入"三维文字"，如图 2-73 所示。

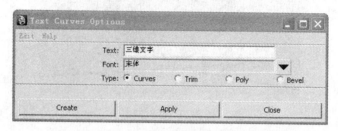

图 2-73　文本属性窗口

（2）单击"Create"按钮，建立文本对象，如图 2-74 所示。

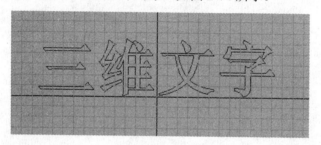

图 2-74　创建文本

（3）选中文字，单击【Surface】→【Bevel（倒角）】命令后的 ▢ 按钮，设置 Extrude height（挤出长度）为 2，如图 2-75 所示。

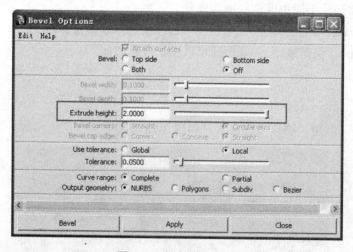

图 2-75　倒角属性窗口

（4）单击"Bevel"按钮，生成倒角效果，生成空心文字，如图 2-76 所示。

图 2-76　倒角文字效果

（5）选择文字两边的边线，执行【Surface】→【Planar】命令，建立平面，使之形成三维文字，如图 2-72 所示。

〖任务总结〗

（1）使用【Extrude（挤出）】命令可以由一条路径曲线和一条轮廓曲线生成一个曲面。

（2）使用【Bevel（倒角）】命令可以通过任一条曲线生成一个带有倒角的拉伸曲面。

（3）圆形倒角中的 Radius（半径）可以控制倒角的弧度半径值。

（4）【Project Curve on Surface（映射曲线到曲面）】命令可以在曲面上映射曲线，映射曲线对于面的修剪、路径动画等操作是极为重要的，在以后的应用中应注意该命令的应用。

（5）【Trim tool（修剪工具）】命令用来修剪曲面，使其保留某个特定区域而删除其他部分，用来修剪曲面的曲线必须是曲面曲线。

〖评估〗

任务三　评估表

任务三评估细则		自　评	教　师　评
1	曲线工具的使用		
2	曲线的调整		
3	命令的使用		
4	命令的理解		
5	任务的制作步骤		
任务综合评估			

第 3 章　Polygon 多边形建模

多边形建模是当今最流行而且也是应用范围最为广泛的一种建模方式，多边形建模可以使用相对较少的编辑命令来创建出各种复杂的物体模型，理论上来讲任何形状的模型都可以运用多边形建模方式来产生。

多边形（Polygon）是指由多条边所组成的封闭图形，而多边形模型是由许多小的平面所组成的，这些组成多边形模型的平面又被称为"Face（面）"或"Poly（多边形）"。一个完整的多边形模型往往由成百上千的多边形面组成，而编辑的形状越复杂则所要用到的多边形面就越多。

对于游戏模型制作者而言，多边形建模方式是使用频率最高的模型构造方式，也是最佳的建模手段。在制作中，只有最大限度地降低模型的复杂程度，才能够有效地提高实时渲染的交互速度，而使用多边形建模则可以很好地控制模型构成的面数，如图 3-1 所示。

图 3-1　游戏中的模型

同样，使用多边形建模方式也可以构造光滑的具有细节的模型。由于在多边形编辑过程中往往只需要对单一模型进行编辑，而 NURBS 建模方式则会产生为数众多的曲面单体，这对于创建复杂形状模型来说显然提高了制作难度。因此多边形建模方式被广泛应用于动画和电影特效制作，如图 3-2 所示。

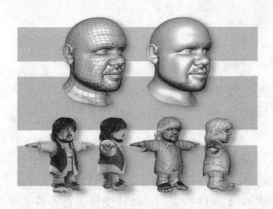

图 3-2　游戏中的模型视图

通过本章的学习，你将学到以下内容：

✦ 了解 Polygon 多边形建模的核心概念。

✦ 能够创建、编辑简单多边形。

✦ 能够编辑创建复杂多边形。

✦ 能够利用 Polygon 进行模型的制作。

任务一　使用 Create（创建）命令制作球体

效果如图 3-3 所示。

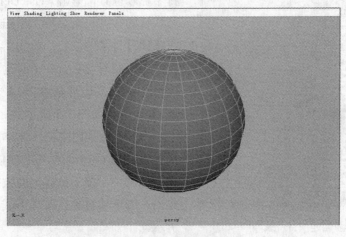

图 3-3　球体

在各类三维电影动画中，三维建模师们需要设计各种各样的场景、道具。这些三维模型大部分是用 Polygon 建模来完成的。

〖任务分析〗

1. 制作分析

✦ 使用【Create（创建）】命令创建一个球体。

✦ 使用【Create（创建）】命令完成球体属性的设置。

2. 工具分析

✦ 使用【Create（创建）】→【Polygon Primitives（多边形基本体）】→【Sphere（球体）】命令，通过鼠标左键拖拉在视图中绘制一个球体。

✦ 使用【Sphere（球体）】属性级别，对球体变换进行各种基本属性调节，修改球体的形体和位置。

✦ 使用【Sphere（球体）】创建属性命令，对球体细分线段数进行调节。

3. 通过本任务的制作，要求掌握如下内容

✦ 使用【Create（创建）】→【Polygon Primitives（多边形基本体）】→【Sphere（球体）】命令可以制作各种形体的球体。

✦ 学习【Sphere（球体）】属性命令。

✦ 通过拓展练习能够使用【Revolve（旋转）】命令制作自己创意的 NURBS 曲面。

〖任务实施〗

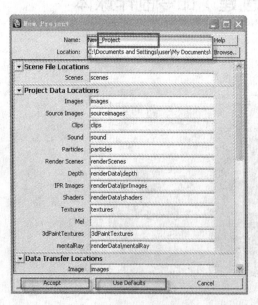

图 3-4　创建项目目录

（1）新建项目。执行【File（文件）】→【Project（项目）】→【New（新建）】命令，打开"New Project"属性窗口，在窗口中指定项目名称和位置，单击"Use Defaults"按钮，使用默认的数据目录名称，单击"Accept"按钮完成项目目录的创建，如图 3-4 所示。

（2）执行【Create（创建）】→【Polygon Primitives（多边形基本体）】→【Sphere（球体）】命令，如图 3-5 所示。

（3）在透视图中创建球体。在视图中按下鼠标左键进行拖动来决定球体产生的位置以及半径大小，按下键盘上的数字键【5】，将创建出来的球体对象以实体方式显示，如图 3-6 所示。

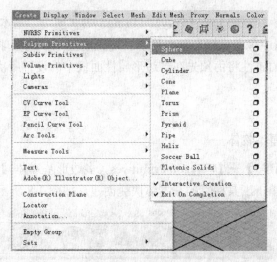

图 3-5　执行创建球体命令

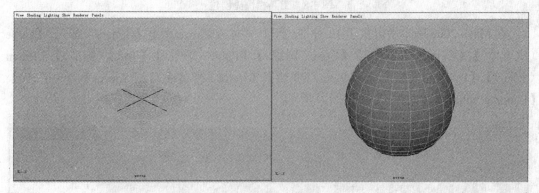

图 3-6　创建球体

（4）调整球体细分属性。修改 pSphere Shape1 中 INPUTS/polySphere1 的属性值，输入数值即可，如图 3-7 所示。

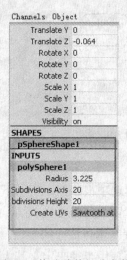

图 3-7　修改球体细分参数

（5）执行【Create（创建）】→【Polygon Primitives（多边形基本体）】→【Sphere（球体）】命令，并在视图中单击鼠标左键也可以直接完成基本多边形球体的创建，在这种状态下，多边形基本体的属性将由预先在多边形属性面板中的设置所决定。

〖新知解析〗

一、创建多边形基本物体

使用【Create（创建）】→【Polygon Primitives（多边形基本体）】来进行多边形基本体的创建，也可以直接单击工具栏上的基本体快捷创建，如图 3-8 所示。

图 3-8　工具栏快捷创建

在 Maya 2008 版本中提供了 12 种多边形基本体类型，分别是【Sphere（球）】、【Cube（立方体）】、【Cylinder（圆柱）】、【Cone（圆锥）】、【Plane（平面）】、【Torus（圆环）】、【Prism（棱柱）】、【Pyramid（棱锥）】、【Pipe（圆管）】、【Helix（螺旋线）】、【Soccer Ball（足球）】、【Platonic Solids（多面体）】，如图 3-9 所示。

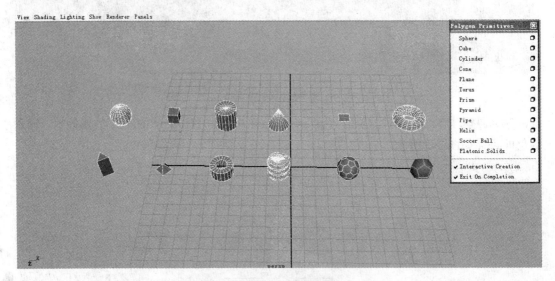

图 3-9　多边形基本体的类型

二、多边形基本体通用参数

由于大多数基本体的属性设置选项很相似，所以下面以【Cylinder（圆柱）】为例进行说明。圆柱基本体形状和参数设置窗口如图 3-10 所示。

（1）Radius（半径）：用于设置基本体截面的半径，包括球体、圆柱体、圆锥体、形状体、管状体、足球、多面体等，都使用半径来定义其大小，如图 3-11 所示。

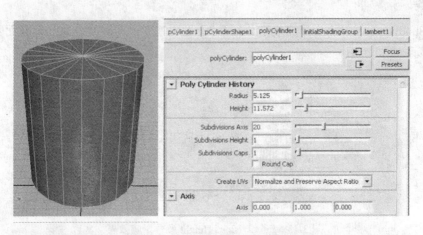

图 3-10　圆柱基本体和参数设置窗口

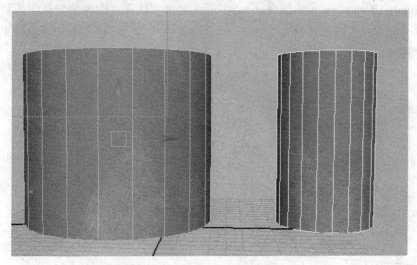

图 3-11　不同半径的圆柱体基本体

（2）Height（高度）：用于设置基本体的高度。

（3）Subdivisions　Axis（轴向细分），用于设置基本体围绕中心轴方向的细分面数目，如图 3-12 所示。

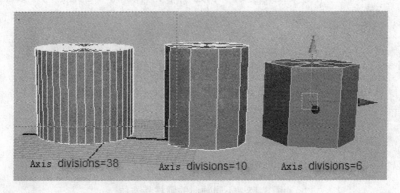

图 3-12　Axis divisions 参数影响效果

（4）Subdivisions Height（高度细分）：用于设置基本体在高度方向的细分面数目，如图 3-13 所示。

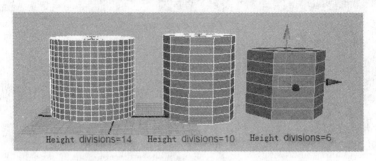

图 3-13　Subdivisions Height 参数影响效果

（5）Subdivisions Caps（截面细分）：用于设置基本体在界面内的细分面数目。

（6）Round Cap（圆形封盖），该选项用于给某些基本体的顶面添加封盖效果，适用于圆柱体、圆锥体、圆管和螺旋体，如图 3-14 所示。

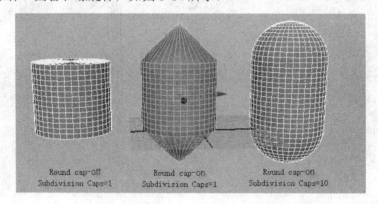

图 3-14　Round Cap 选项影响效果

注意：【Round Cap】必须与【Subdivisions Caps】参数结合使用，只是当【Subdivisions Caps】参数值大于 1 时才会出现圆盖效果。

（7）Axis（轴向）：用于设置在场景中创建基本物体时的中心轴方向，如图 3-15 所示。

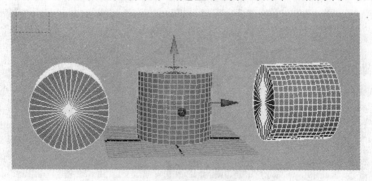

图 3-15　不同轴向的圆柱基本体

〖**任务拓展**〗

创建一个圆底封盖的圆柱体，如图 3-16 所示。

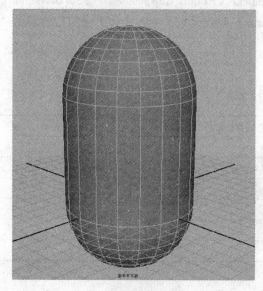

图 3-16　圆底封盖的圆柱体

〖**操作步骤**〗

（1）使用【Create（创建）】→【Polygon Primitives（多边形基本体）】→【Cylinder（圆柱）】命令创建圆柱体。

（2）单击位于状态行右侧的工具按钮 ，打开【Channel Objets（通道盒）】面板。

（3）在【Channel Objets（通道盒）】面板下，单击 INPUTS 节点面板下的【Poly Cylinderl（多边形圆柱 1）】，打开物体的属性设置面板。

（4）在物体的属性设置面板中更改物体属性，如图 3-17 所示。

图 3-17　属性面板

〖**任务总结**〗

（1）使用【Create（创建）】→【Polygon Primitives（多边形基本体）】命令创建多边形

基本体。

（2）多边形基本体通用参数设置，通过参数的修改，改变多边形基本体的基本形态。

（3）在使用圆形封盖时，【Round Cap】必须与【Subdivisions Caps】参数结合使用，只是当【Subdivisions Caps】参数值大于 1 时才会出现圆盖效果。

〖**评估**〗

任务一　评估表

	任务一评估细则	自　评	教 师 评
1	创建多边形基本体		
2	修改基本体通用参数		
3	圆形封盖用法		
任务综合评估			

任务二　组合分离提取书桌

效果如图 3-18 所示。

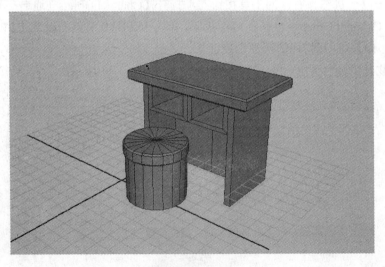

图 3-18　书桌

〖任务分析〗

1．制作分析

✦ 使用【Combine（结合）】命令完成将桌子与凳子结合成为一个整体。

✦ 使用【Separate（分离）】命令将桌子和凳子这两个不连接的多边形面分离为独立的对象。

✦ 使用【Extract（提取）】命令将凳子的上盖部分从初始的多边形物体中分离出来。

2．工具分析

✦ 使用【Mesh（多边形）】→【Combine（结合）】命令在视图中将桌子和凳子组合为一个整体。

✦ 使用【Mesh（多边形）】→【Separate（分离）】命令将凳子和书桌分离为各自单独的多边形对象。

✦ 使用【Mesh（多边形）】→【Extract（提取）】命令将凳子的上盖部分从初始的多边形物体中分离出来。

3．通过本任务的制作，要求掌握如下内容

✦ 使用【Combine（结合）】命令可以将多个多边形对象结合为同一个多边形对象。

✦ 学习【Separate（分离）】命令将不连接的多边形面分离为独立的多边形对象。

✦ 能够运用【Extract（提取）】命令随意从多边形物体上提取独立的面，形成独立的多变形对象。

〖任务实施〗

（1）打开项目文件。执行【File（文件）】→【Open Scene（打开场景）】命令，打开光盘文件"Project3/renwuer/scenes/zuheshuzhuo"文件。

（2）选择凳子，按【Shift】键选择桌子，或者框选要合并的桌子和凳子，如图 3-19 所示。

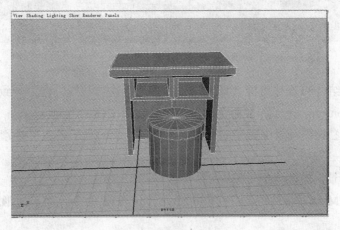

图 3-19　绘制曲线

（3）选择【Mesh（多边形）】→【Combine（结合）】命令，对多边形进行合并操作，在视图中将桌子和凳子组合为一个整体，如图 3-20 所示。

图 3-20　组合操作

（4）将桌子和椅子合并为一个多边形整体，如图 3-21 所示。

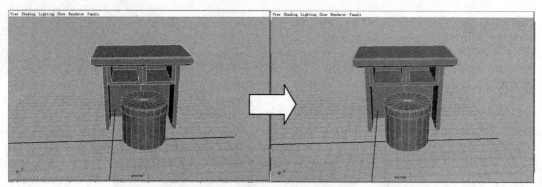

图 3-21　结合多边形

【Combine（结合）】操作可能会导致产生的多边形物体法线方向不一致，选择【Normals（法线）】→【Conform（一致）】命令可以统一多边形法线的方向。

（5）为了单独调整场景中凳子的位置，现将场景中的凳子多边形对象从整体上分离开来。

（6）选择场景中的多边形对象。

（7）选择【Mesh（多边形）】→【Separate（分离）】命令，对多边形进行分离操作，如图 3-22 所示。

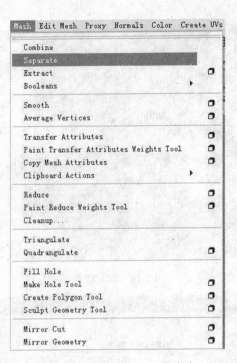

图 3-22　选择【Separate】命令

（8）桌子和椅子合并为了一个多边形整体，如图 3-23 所示。

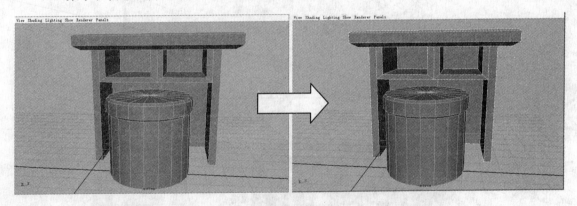

图 3-23　合并为一个多边形整体

（9）将凳子突出的部分从凳子上提取出来，形成一个新的多边形对象，作为凳子的盖。

（10）选择凳子，按【F11】键，将凳子的显示状态转换为面片格式，如图 3-24 所示。

（11）选择凸起的所有面，选择【Extract（提取）】命令右侧的选项设置按钮 □，打开【Extract Options（提取选项）】窗口，如图 3-25 所示。

（12）在【Extract Options（提取选项）】窗口中开启【Separate extracted faces（分离提取面）】选项，单击【Extract（提取）】按钮完成操作，如图 3-26 所示。

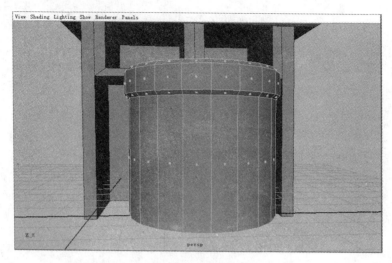

图 3-24　面片级别

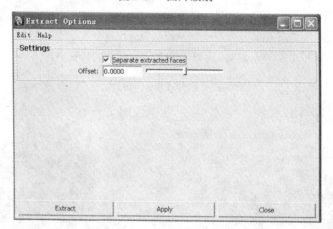

图 3-25　提取选项设置窗口

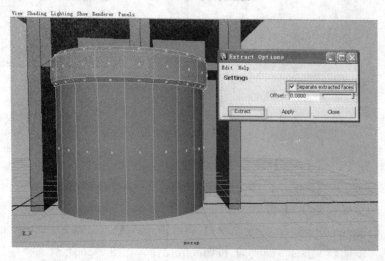

图 3-26　提取多边形面

〖新知解析〗

一、【Combine（结合）】结合多边形

【Combine（结合）】操作可能会导致产生的多边形物体法线方向不一致，执行【Normals（法线）】→【Conform（一致）】命令可以统一多边形法线的方向。

对于许多多边形元素编辑操作而言，要保持参与编辑的多边形元素属于同一个多边形对象是必要条件，因此合并多边形操作是进行很多后续编辑操作的前提。

二、【Separate（分离）】分离多边形

【Separate（分离）】命令只对具有多个多边形外壳的对象有效。

多边形外壳是指一个多边形中所有连接面的集合，例如本例中多边形模型由桌子面、桌子腿、凳子组合而成，因此整个桌凳组合模型具有多个多边形外壳，对其施加【Separate（分离）】命令可以分离成为多个独立的多边形物体。

三、【Extract（提取）】提取多边形

【Separate extracted faces（分离提取面）】选项开启或关闭决定所提取的面与初始多边形是否在同一个物体级别下。【Offset（偏移）】选项控制提取面的变换属性，用户也可以在提取完成之后再对其进行变换属性的调节。

〖任务拓展〗

将给出的坦克模型组合成为一个整体，如图 3-27 所示。

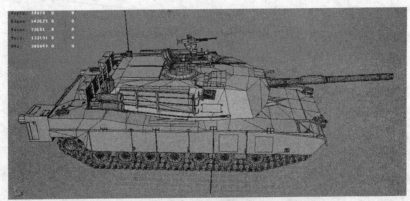

图 3-27　坦克模型

操作步骤：

（1）打开 Maya 软件，执行【File（文件）】→【Open Scene（打开场景）】命令，打开光盘文件"Project/renwuer/scenes/坦克"文件。

（2）按住"Shift"键选择场景中的所有多边形对象或者鼠标框选所有多边形对象。

（3）执行【Mesh（多边形）】→【Combine（结合）】命令。

〖**任务总结**〗

（1）使用【Combine（结合）】命令可以将多个多边形对象结合为同一个多边形对象。

（2）使用【Separate（分离）】命令可以将多边形中不连接的多边形面分离为独立的对象。

（3）使用【Extract（提取）】命令可以将多边形从初始多边形物体中提取分离出来。

〖**评估**〗

任务二　评估表

	任务二评估细则	自　评	教　师　评
1	Combine（结合）命令的使用		
2	Separate（分离）命令的使用		
3	Extract（提取）命令的使用		
任务综合评估			

任务三　使用【Booleans（布尔运算）】命令制作笔筒

制作的笔筒如图 3-28 所示。

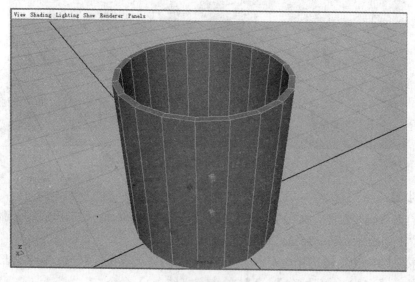

图 3-28　笔筒

〖**任务分析**〗

1．制作分析

✦ 使用【Create（创建）】命令创建一个圆柱体。

✦ 使用【Duplicate（复制）】命令复制一个圆柱体，并进行缩放控制。

✦ 使用【Booleans（布尔运算）】命令将两个圆柱体合成为一个笔筒。

2．工具分析

✦ 使用【Create（创建）】→【Polygon Primitives（多边形基本体）】→【Cylinder（圆柱体）】命令，通过鼠标左键拖拉在视图中绘制一个圆柱体。

✦ 使用【Cylinder（圆柱体）】属性级别，对圆柱体变换进行各种基本属性调节，修改圆柱体的形体和位置。

✦ 使用【Duplicate（复制）】命令复制圆柱体。

✦ 使用【Booleans（布尔运算）】→【Difference（减集）】命令完成笔筒制作。

3．通过本任务的制作，要求掌握如下内容

✦ 使用【Booleans（布尔运算）】→【Difference（减集）】命令完成笔筒制作。

✦ 通过拓展练习能够使用【Booleans（布尔运算）】中【Union（并集）】、【Intersection（交集）】命令制作各种模型。

〖**任务实施**〗

（1）新建项目。选择【File（文件）】→【Project（项目）】→【New（新建）】命令，打开"New Project"属性窗口，在窗口中指定项目名称和位置，单击"Use Defaults"按钮使用默认的数据目录名称，单击"Accept"按钮完成项目目录的创建，如图3-29所示。

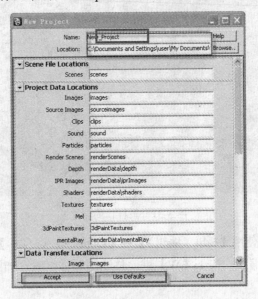

图3-29　创建项目目录

（2）执行【Create（创建）】→【Polygon Primitives（多边形基本体）】→【Cylinder（圆柱体）】命令，如图 3-30 所示。

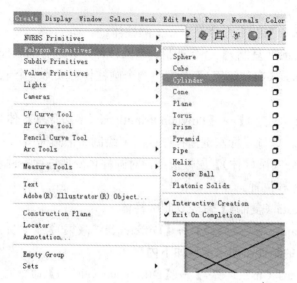

图 3-30　执行创建圆柱体命令

（3）在透视图中创建圆柱体。在视图中按下鼠标左键进行拖动来决定圆柱体产生的位置以及底面大小，确定大小后，向上拖动，确认圆柱体的高，完成创建。按下键盘上的数字键【5】，将创建出来的球体对象以实体方式显示，如图 3-31 所示。

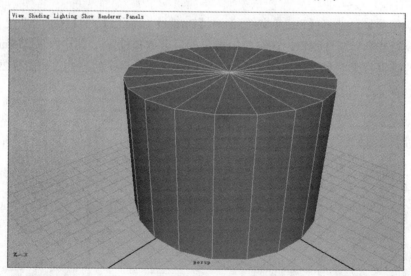

图 3-31　圆柱体的创建

（4）选择圆柱体，使用【Edit（编辑）】→【Duplicate（复制）】命令复制一个圆柱体，按【R】键，进行整体缩放，按下【W】键，移动圆柱体位置，如图 3-32 所示。

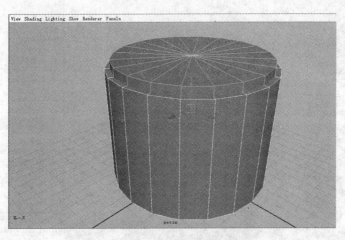

图 3-32　复制圆柱体 调整位置大小

（5）选择最大的圆柱体，按【Shift】键选择里面的圆柱体，选择【Mesh（多边形）】
→【Booleans（布尔运算）】→【Difference（减集）】完成笔筒的创建，如图 3-33 所示。

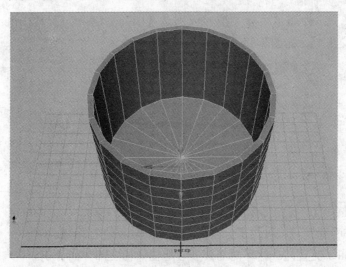

图 3-33　笔筒的创建

〖 **新知解析** 〗

一、使用【Edit（编辑）】→【Duplicate（复制）】命令复制一个圆柱体，也可以直接
使用【Ctrl+D】组合键完成复制命令。

二、使用【Mesh（多边形）】→【Booleans（布尔运算）】→【Difference（减集）】命
令时，先选择的多边形体积会减去后选择的多边形体积。在多边形历史记录被保留的情况
下，也可以选择参与布尔运算的多边形物体，并在【Channel Objects（通道盒）】、【Attribute
Editor（属性编辑器）】或【Hypergraph（超级图标）】面板中对物体的变换属性进行调整，
进而影响布尔运算结果，如图 3-34 所示。

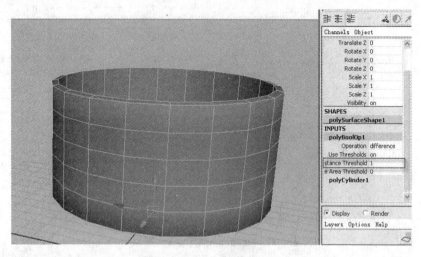

图 3-34　布尔运算属性调节

三、布尔运算类型

Maya 提供了三种布尔运算类型，分别是【Union（并集）】、【Difference（减集）】、【Intersection（交集）】，如图 3-35 所示。

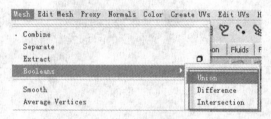

图 3-35　布尔运算类型

【Union（并集）】：将两部分多边形物体的体积进行结合。

【Difference（减集）】：对两部分多边形物体的体积进行相减。

【Intersection（交集）】：计算两部分多边形物体相交部分的体积。

三种布尔运算的效果如图 3-36 所示。

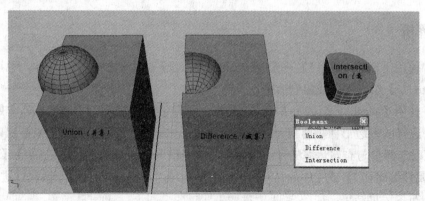

图 3-36　布尔运算效果

〖任务拓展〗

制作一个葫芦形状的多边形，如图 3-37 所示。

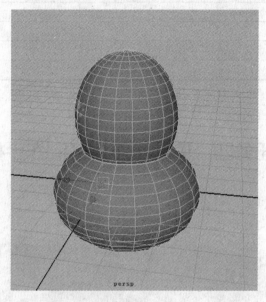

图 3-37　葫芦形状

操作步骤：

（1）创建一个多边形球体，并调节其属性，沿 Y 轴缩放球体。

（2）创建第二个球体，调节其属性，比第一个球体稍微小一点，沿 Y 轴放大球体。

（3）将两个球体放在合适位置，选择球体，选择【Mesh（多边形）】→【Booleans（布尔运算）】→【Union（并集）】命令完成操作。

〖任务总结〗

（1）使用【Create（创建）】→【Polygon Primitives（多边形基本体）】命令创建多边形基本体。

（2）使用【Edit（编辑）】→【Duplicate（复制）】命令复制一个圆柱体。

（3）使用【Mesh（多边形）】→【Booleans（布尔运算）】→【Difference（减集）】命令制作笔筒模型。

〖评估〗

任务三　评估表

任务三评估细则		自　　评	教　师　评
1	创建多边形圆柱体		

任务三评估细则		自　评	教　师　评
2	使用复制命令		
3	布尔运算命令的运用		
任务综合评估			

任务四　使用挤压命令制作手机

制作的手机如图 3-38 所示。

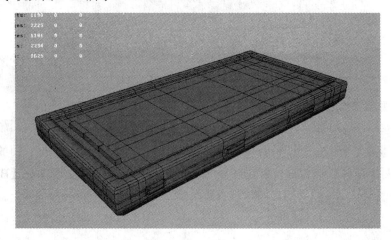

图 3-38　手机

〖**任务分析**〗

1．制作分析

✦ 使用【Create（创建）】→【Polygon Primitives（多边形基本体）】→【Cube（立方体）】命令创建一个立方体。

✦ 使用【Edit Mesh（编辑多边形）】→【Extrude（挤压）】命令具体制作手机。

2．工具分析

✦ 使用【Create（创建）】→【Polygon Primitives（多边形基本体）】→【Cube（立方体）】命令，通过鼠标左键拖拉在视图中绘制一个合适的立方体。

✦ 使用【Edit Mesh（编辑多边形）】→【Insert Edge Loop Tool（插入循环线）】命令为立方体添加需要的循环线。

✦ 使用【Edit Mesh（编辑多边形）】→【Extrude（挤压）】命令具体制作手机中的细节。

3. 通过本任务的制作，要求掌握如下内容

✦ 熟练使用【Create（创建）】创建命令。

✦ 能够使用【Edit Mesh（编辑多边形）】→【Insert Edge Loop Tool（插入循环线）】命令为需要的多边形对象添加循环线。

✦ 能够使用【Edit Mesh（编辑多边形）】→【Extrude（挤压）】命令制作所需模型。

〖任务实施〗

（1）新建项目。执行【File（文件）】→【Project（项目）】→【New（新建）】命令，打开"New Project"属性窗口，在窗口中指定项目名称和位置，单击"Use Defaults"按钮使用默认的数据目录名称，单击"Accept"按钮完成项目目录的创建。

（2）执行【Create（创建）】→【Polygon Primitives（多边形基本体）】→【Cube（立方体）】命令。

（3）在透视图中创建立方体。在视图中按下鼠标左键进行拖动来决定立方体产生的位置以及底面大小，确定大小后，向上拖动，确认立方体的高，完成创建，并调节属性，如图 3-39 所示。

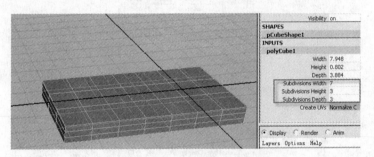

图 3-39　立方体的创建及属性调节

（4）选择立方体，按【F10】键，切换为物体的线级别，根据手机样式调整布线，如图 3-40 所示。

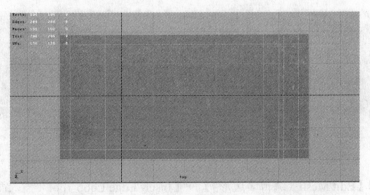

图 3-40　调整布线

（5）单击立方体，按【F11】键，将立方体切换为面模式。选择要挤压的面，如图 3-41 所示。

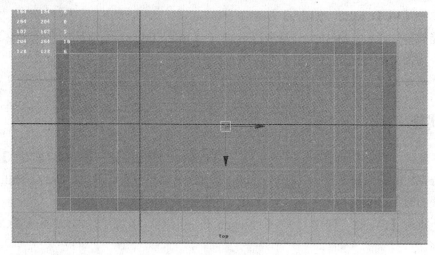

图 3-41　选择挤压的面

（6）选择【Edit Mesh（编辑多边形）】→【Extrude（挤压）】命令，如图 3-42 所示。

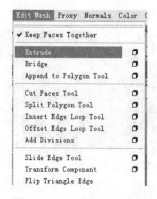

图 3-42　Extrude 挤压命令

（7）将选择的面进行向下挤压操作，如图 3-43 所示。

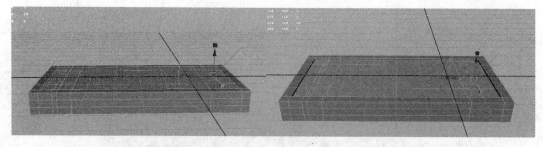

图 3-43　挤压操作

（8）选择【Edit Mesh（编辑多边形）】→【Insert Edge Loop Tool（插入循环线）】命令

为模型的屏幕部分添加循环线，如图 3-44 所示。

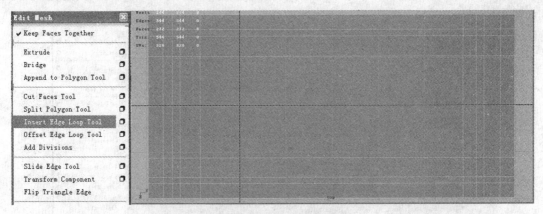

图 3-44　添加循环线

（9）选择要挤压的按键所在面，进行挤压操作，并按【Delete】键删除挤压出的面，如图 3-45 所示。

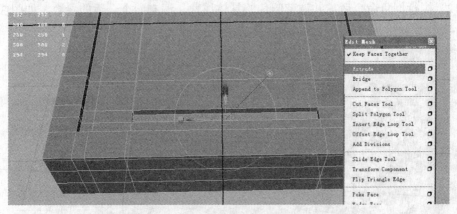

图 3-45　挤压按键

（10）切换到顶视图，在按键的位置创建三个立方体，如图 3-46 所示。

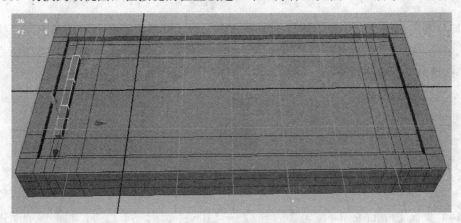

图 3-46　创建按键

（11）选择手机四周的线，执行【Edit Mesh（编辑多边形）】→【Bevel（倒角）】命令，如图 3-47 所示。

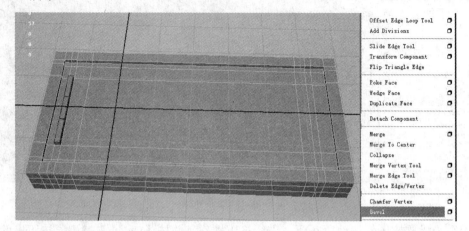

图 3-47　执行倒角命令

（12）执行倒角命令后，并调节倒角的具体属性，调制一个合适的参数，如图 3-48 所示。

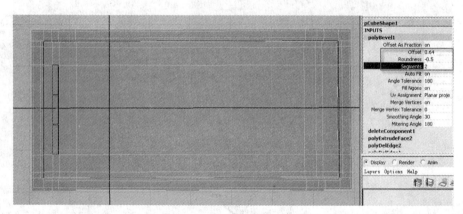

图 3-48　倒角属性调节

（13）制作侧键，在手机的侧面添加循环线。按【Shift】键选择要挤压的面，执行一次挤压命令，将面向里推动，再次执行挤压命令，缩放当前面，第三次执行挤压命令，将所需的按键向外拉，挤压出来，如图 3-49 所示。

图 3-49　制作侧键

（14）执行【Edit Mesh（编辑多边形）】→【Bevel（倒角）】命令，将侧键的面进行倒角处理，并调整参数，如图 3-50 所示。

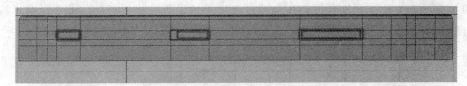

图 3-50　侧键倒角处理

（15）选择底面所有的面进行缩放命令，缩放到合适比例，选择底面周围的线，执行【Edit Mesh（编辑多边形）】→【Bevel（倒角）】命令，调整参数制作完成底面，如图 3-51 所示。

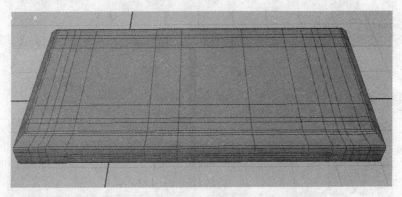

图 3-51　底面制作

（16）制作底面摄像头，选择所需的面，进行缩放并向下拖拉，执行【Edit Mesh（编辑多边形）】→【Extrude（挤压）】命令，向下拖拉并适当缩放。

（17）选择周边的线，执行【Edit Mesh（编辑多边形）】→【Bevel（倒角）】命令进行倒角操作，并调整具体参数，如图 3-52 所示。

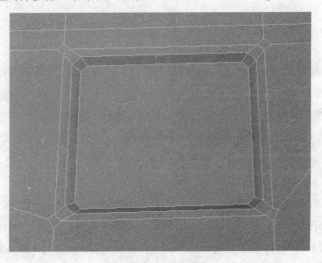

图 3-52　倒角操作

（18）选择里面的面，执行【Edit Mesh（编辑多边形）】→【Extrude（挤压）】命令，向上拖拉并适当缩放，再次执行挤压命令，适度缩放，第三次执行挤压命令，向里推拉，调整参数，如图 3-53 所示。

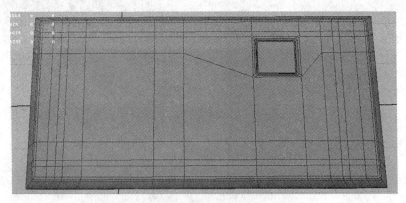

图 3-53　底面摄像头制作

（19）制作侧面按钮，步骤同上，如图 3-54 所示。

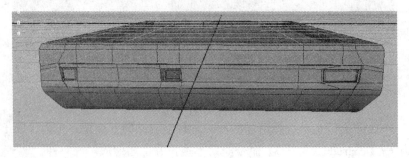

图 3-54　侧面按钮

（20）调整布线，制作完成。

〖新知解析〗

（1）执行【Edit（编辑）】→【Extrude（挤压）】命令右侧的 ☐ 按钮，其窗口中的参数含义如下。

【Divisions（细分数）】，调节挤压过程中产生的细分段数；

【Offset（偏移）】，调节挤压过程中的偏移参数；

【Use selected curve for extrude（将所选择曲线用于挤压）】选项，可以自主绘制挤压参照曲线。

（2）执行【Edit Mesh（编辑多边形）】→【Insert Edge Loop Tool（插入循环线）】命令，为多边形物体添加循环线，在使用插入循环线工具的过程中，在视图中同时按下键盘上的【Ctrl】、【Shift】键和鼠标右键打开【Insert Edge Loop Tool Options（插入循环线工具选项）】标记菜单，在其中可以设置循环边定点的指定方式以及【Auto Complete（自动完成）】选项的开启或关闭。

（3）执行【Edit Mesh（编辑多边形）】→【Bevel（倒角）】命令。

【Offset（偏移）】：倒角偏移参数设置。

【Segments】：倒角细分线段参数设置。

〖任务总结〗

（1）使用【Create（创建）】→【Polygon Primitives（多边形基本体）】命令创建多边形基本体。

（2）使用【Edit Mesh（编辑多边形）】→【Extrude（挤压）】命令挤压多边形。

（3）使用【Edit Mesh（编辑多边形）】→【Insert Edge Loop Tool（插入循环线）】命令为多边形插入循环边。

（4）【Edit Mesh（编辑多边形）】→【Bevel（倒角）】命令的运用。

（5）保存文件。

〖评估〗

任务四　评估表

任务四评估细则		自　评	教 师 评
1	创建多边形立方体		
2	使用挤压命令		
3	插入循环边		
4	倒角命令的运用		
5	文件保存		
任务综合评估			

第 4 章　灯光

　　灯光照明效果集合可以被认为是三维场景的灵魂，Maya 中的灯光其实就是模拟真实灯光的效果。添加灯光与材质是模型在最终输出中不可缺少的一个重要环节，直接决定整个作品的视觉效果，而灯光可对作品起到锦上添花的作用，如图 4-1 和图 4-2 所示。

图 4-1　自然界中的照明

图 4-2　室内照明

Maya 提供了 6 种灯光类型，分别是环境光【Ambient Light】、平行光【Directional Light】、点光源【Point Light】、聚光灯【Spot Light】、面光源【Area Light】、体积光【Volume Light】。

通过本章的学习，你将学到以下内容：

✦ Maya 灯光照明基础创建

✦ 灯光属性

✦ Maya 基础布光原则

任务一　三点布光原则

对场景进行照明效果的设置需要制作者根据创作意图进行反复尝试，并不断进行摸索和总结经验教训。其实对于灯光的布置并不存在绝对可以套用的公式，但是对于布光来说基本都遵循三点布光的照明原则，也就是主光/辅光/背光的基本设置方法。

〖任务分析〗

1．制作分析

✦ 三点布光法中的不同灯光的灯光亮度与范围属性都是不同的。

✦ 主光强度最大，范围也广，高光由主光产生。

✦ 辅光的亮度、范围都要小于主光，并且也不会产生高光。

✦ 背光多用于勾勒边缘，其亮度最低。

2．工具分析

✦ 使用【Create（创建）】→【Lights（灯光）】→【Spot Light（聚光灯）】命令创建聚光灯。

✦ 使用【Create（创建）】→【Lights（灯光）】→【Ambient Light（环境光）】命令创建环境光。

3．通过本任务的制作，要求掌握如下内容

✦ 创建聚光灯、环境光。

✦ 设置灯光属性。

✦ 主光最亮、辅光其次、背光亮度最低。

〖任务实施〗

（1）执行【File（文件）】→【Open Scene（打开场景）】命令，打开光盘文件"Project6/Cartoon_Femail/scenes/Cartoon_Femail.mb"文件。

（2）执行【Create（创建）】→【Cameras 摄像机】→【Camera（摄像机）】命令，在场景中创建摄像机对象，执行视图菜单中的【Panels（面板）】→【Perspective（透视图）】→【Camera1（摄像机 1）】命令，将视图切换为摄像机视图。

（3）调整透视图观察角度，将焦点集中在角色头部位置，如图 4-3 所示。

图 4-3 调整摄像机观察角度

（4）执行【Create（创建）】→【Lights（灯光）】→【Spot Light（聚光灯）】命令，在场景中创建聚光灯对象。

（5）执行视图菜单中的【Panels（面板）】→【Look Through Selected（灯光穿越视图）】命令，将当前视图切换为以聚光灯角度观察场景的视图模式，并将聚光灯调整为水平方向偏左，垂直方向偏上的照射位置，如图 4-4 所示。

图 4-4 调整聚光灯照明方向

（6）选择聚光灯对象，按下【Ctrl+A】组合键，打开聚光灯属性设置面板，在【Spot Light Attributes（聚光灯属性）】选项栏中调整【Penumbra Angle（半影度）】参数值为 30，如图 4-5 所示。

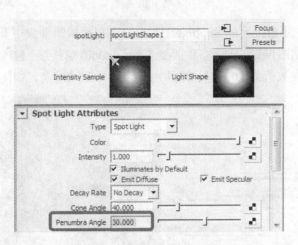

图 4-5 聚光灯属性选项栏

（7）选择【Create（创建）】→【Lights（灯光）】→【Spot Light（聚光灯）】命令，在场景中创建聚光灯对象，并调整灯光的放置位置和照射方向，使其从上向下进行照射来对角色进行补光处理，如图 4-6 所示。

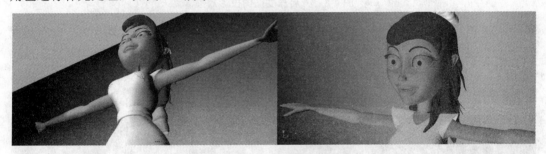

图 4-6 调整聚光灯照明方向

（8）在聚光灯属性编辑面板中调整【Intensity（强度）】参数值为 0.3，【Penumbra Angle（半影度）】参数值为 30，单击状态行中的 ▥ 按钮来对场景照明效果进行测试渲染，如图 4-7 所示。

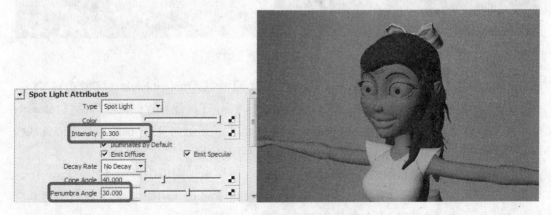

图 4-7 调整灯光照明强度

（9）选择场景中作为主光的 Spotlight1 对象，在属性编辑面板中开启【Use Depth Map Shadows（使用深度贴图投影）】选项，并调整【Resolution（解析度）】参数值为 2048，【Filter Size（过滤尺寸）】参数值为 10，对场景照明效果进行测试渲染，如图 4-8 所示。

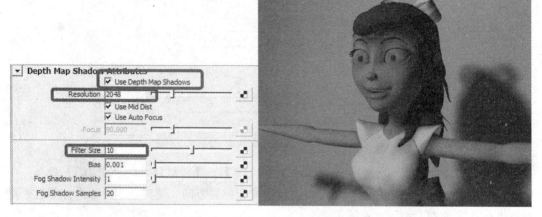

图 4-8　开启深度贴图投影效果

（10）在场景中创建【Spot Light（聚光灯）】对象，将视图观察方式切换为灯光穿越视图，对灯光照射位置进行调整，将其定位在主光与摄像机相对的位置，并调整【Intensity（强度）】参数值为 0.3，其作用是勾勒角色的轮廓，对场景照明效果进行测试渲染，如图 4-9 所示。

 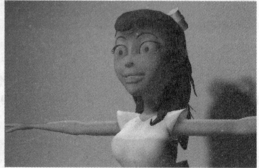

图 4-9　调整背光照明效果

（11）选择【Create（创建）】→【Lights（灯光）】→【Ambient Light（环境光）】命令，在场景中创建环境光对象，并在任意位置放置灯光图标，在属性设置面板中调整【Intensity（强度）】参数值为 0.2，【Ambient Shade（环境明暗）】参数值为 0.2，模拟场景中的光线漫反射效果，对场景照明效果进行测试渲染，如图 4-10 所示。

（12）选择作为主光源的 Spotlight1 对象，在属性编辑面板中开启【Use Ray Trace Shadows（使用光线追踪阴影）】选项，并调整【Light Radius（阴影半径）】参数值为 0.1，【Shadow Rays（阴影光线）】参数值为 10，如图 4-11 所示。

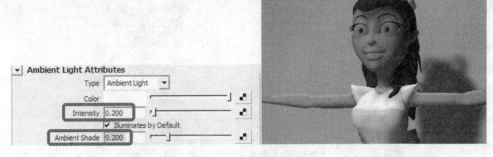

图 4-10　环境光照明效果

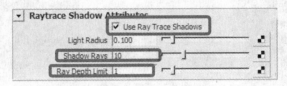

图 4-11　开启光线追踪阴影

（13）单击状态行中的 按钮，打开【Render Settings（渲染设置）】面板，单击 Maya Software 标签按钮，并在选项面板的【Raytracing Quality（光线追踪质量）】选项栏中开启【Raytracing（光线追踪）】选项，设置完成后对场景进行渲染，最终效果如图 4-12 所示。

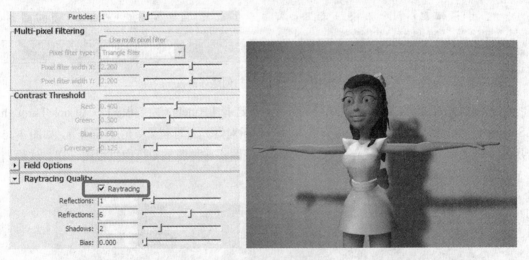

图 4-12　最终渲染效果

〖 新知解析 〗

一、创建灯光

1．通过菜单命令创建

创建灯光的方法很简单，读者可以直接执行【Create（创建）】→【Lights（灯光）】命令，在弹出的子菜单中选择需要的灯光类型即可，如图 4-13 所示。

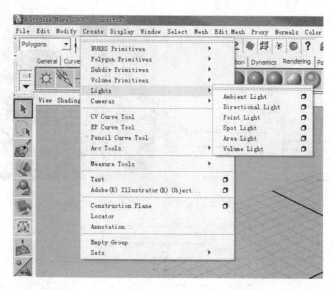

图 4-13　灯光菜单

2．通过工具栏创建

在工具栏中，切换到【Rendering】选项卡，然后在下面的工具栏中选择合适的灯光类型，如图 4-14 所示，单击相应的灯光图标按钮即可创建相应类型的灯光。

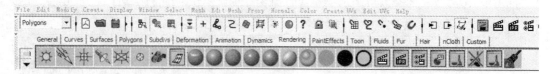

图 4-14　使用工具栏创建灯光

在创建完灯光后，选择需要调整的灯光，可选择【Panels（控制板）】→【Look Through Selected（被选物观察视角）】命令，进入灯光视图对灯光进行位置、角度等调节，如图 4-15 所示。灯光视图实际上就是一个特殊的摄像机视图，这种调节和摄像机视图一样。这种调节方法在实际制作中经常使用。

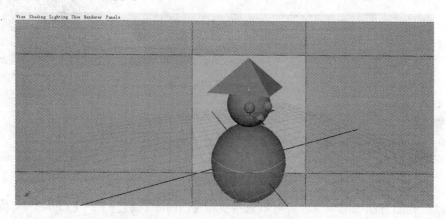

图 4-15　灯光的摄像机视图

二、灯光的属性

灯光的属性可以改变灯光的照射效果，可以在通道栏和属性编辑器中设置。

如果要修改灯光的属性，可以先选择灯光，然后按【Ctrl+A】组合键打开灯光的属性面板进行设置，如图 4-16 所示。

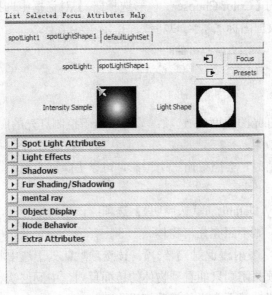

图 4-16　灯光属性面板

因为这 6 种灯光类型中聚光灯的属性最多，也最具有代表性，下面以聚光灯的属性为例，介绍设置灯光属性的方法。

在属性面板的【spotLight】文本框中可以修改灯光的名称，如图 4-17 所示。

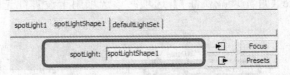

图 4-17　灯光的名称和上下游节点

【Intensity Sample（亮度取样）】和【Light Shape（灯光形状）】缩略图用于控制灯光的采样强度和灯光的形状，在调节灯光的各种参数时可实时地观察它的效果，如图 4-18 所示为调节灯光颜色时的缩略图效果。

图 4-18　灯光强度采样和灯光形状缩略图

下面来介绍对话框中常用选项和参数设置。

1.【Spot Light Attributes（聚光灯属性）】面板

（1）【Type（灯光类型）】选项：在【Type】下拉列表中可以随意更换灯光类型，如图4-19所示。

（2）【Color（颜色）】选项：在【Color】下拉列表中可以设置灯光的颜色。单击【Color】右侧的色块，在弹出的【Color Chooser（色彩选择器）】对话框中选择所需要的颜色。单击【Color】选项后面的纹理图标 ，可以将纹理指定在灯光上。

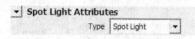

图4-19　灯光的类型

（3）【Intensity（灯光的强度）】选项：该选项用于控制灯光的照明强度，当值为0时表示不产生灯光照明效果。

当灯光强度为负值时，会照射出一个黑影，可以去除灯光照明。在实际应用中可以局部减弱灯光的强度。

①【Illuminates by Default（默认照明）】选项：该项如果打开，灯光将照亮场景中的所有物体；如果关闭，则不照亮任何物体。

②【Emit Diffuse（发射漫反射）】选项：该选项默认处于选中状态，用于控制灯光的漫反射效果，如果此项关闭则只能看到物体的镜面反射，中间层次将不被照明。通过设置该项可以制作一盏只影响镜面高光的特殊灯光。

③【Emit Specular（发射镜面反射）】选项：该选项默认处于选中状态，用于控制灯光的镜面反射效果，一般在制作辅光的时候通常关闭此项才能获得更合理的效果。也就是说让物体在暗部的地方没有很强的镜面高光。

（4）【Decay Rate（灯光衰减属性）】选项：该选项用于设置灯光的衰减度，如图4-20所示。

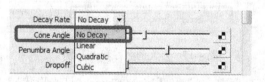

图4-20　灯光的衰减属性

此属性仅用于区域光、点灯光和聚光灯，用于控制灯光亮度随距离减弱的速率。设置【Decay Rate】选项对小于1个单位的距离没有影响，默认设置为"No Decay"，这个值还控制着雾亮度随着灯光源距离的衰减程度。有以下4种灯光衰减的类型可供选择。

①【No Decay（无衰减）】选项：光照的物体无论离光源远近亮度都一样，没有变化，效果不如衰减的真实。但在有些情况下，也可以制作出真实的效果。例如，场景的光是从窗户透过来的，那么这种情况下通常不用任何衰减，模拟太阳光能比衰减达到更好的效果。

②【Linear（线性衰减）】选项：灯光亮度随距离按线性方式均匀衰减，使光线和黑暗之间的梯度比现实中更平均。线性衰减就是设置一段距离，使光线在这一段内完全衰减，

从光源处到这段距离的终点亮度均匀过渡到 0。这种衰减不太真实，但是速度相对快。如果设置为该项，一般灯光的强度要比原来加大几倍左右才能看到效果。

③【Quadratic（平方衰减）】选项：现实当中的衰减方式，如果设置为此项，一般灯光的强度要比原来加大几百倍才能看到效果。

④【Cubic（立方衰减）】选项：随距离的立方比例衰减，如果设置为此项，一般灯光的强度要比原来加大几千倍才能看到效果。

（5）【Cone Angle（圆锥角）】选项：该选项用于控制聚光灯的照射范围，单位为度，有效范围是"0.006"～"179.994"，默认为"40"。其属性栏如图 4-21 所示。

图 4-21　圆锥角

在实际运用中应该尽量合理利用聚光灯的角度，不要设置太大，以免使深度贴图的阴影部分精度不够，从而在制作动画时阴影出现错误。

（6）【Penumbra Angle（半影角）】选项：在边缘将光束强度以线性的方式衰减为 0°，其有效范围是从"–179.994"～"179.994"，滑块范围为"–10"～"10"，默认为 0。如图 4-22 所示分别是半影角为 0°、10°、–10°时的灯光投射状态。

图 4-22　半影角为 0°、10°、–10°时的灯光投射状态

（7）【Drop Off（衰减）】选项：该选项用于控制灯光强度从中心到边缘减弱的速率。有效范围是 0 到无限大，滑块为"0～255"。为 0 时无衰减。通常配合【Penumbra Angle】选项使用。

除了以上所说的常用灯光属性，还有下面一些是其他类型灯光所特有的属性。

（1）环境灯所特有的属性：

【Ambient Shade】选项：用于控制环境灯照射的方式，值为 0 时灯光来自所有的方向，如图 4-23 所示；值为 1 时灯光来自环境灯所在的位置，类似于点光源，如图 4-24 所示；值为 0.5 时的照明效果如图 4-25 所示。一般使用环境灯时，场景将会变得平淡没有层次，在实际制作时要慎用。

（2）体积光所特有的属性：

①【Light Shape】选项：用于设置灯光的物理形状，包括"Sphere"、"Cylinder"、"Cone"及"Box" 4 种形状，其中"Sphere"是默认的类型。

②【Color Range】选项：用于设置某个体积内从中心到边缘的颜色。如图 4-26 所示，通过设置右侧色带上的值可以定义光线发生渐减或改变颜色，其中色带上右边滑块用于定义容积中心光线颜色，左边滑块用于定义边界颜色。

图 4-23　【Ambient Shade】值为 0

图 4-24　【Ambient Shade】值为 1

图 4-25　【Ambient Shade】值为 0.5

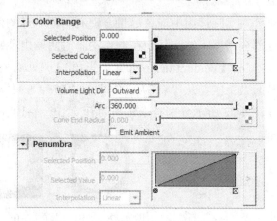

图 4-26　体积光的颜色范围属性

✦【Selected Position】选项：用于设置渐变图中活动颜色条目的位置。

✦【Selected Color】选项：用于设置活动颜色条目的颜色，单击色块可打开颜色拾取器。

✦【Interpolation】选项：用于控制渐变图中颜色的混合方式，决定颜色过渡的平滑程度。包括"None"、"Linear"、"Smooth"、"Spline"4 种过渡方式。默认设置为"Linear"，采用"Spline"过渡方式将更为细腻。

✦【Volume Light Dir】选项：用于设置体积中灯光的方向。

【Outward】选项：用于设置光线从物体的中心发出，其效果类似于点光源。

【Inward】选项：用于设置灯光向中心照射。

【Down Axis】选项：用于设置光线沿灯光的中心轴发射，其效果类似于平行光。

提示：除【Outward】方式外，其他方向灯光产生的阴影均不正常。【Emit Specular（发射高光反射）】选项对于【Inward】方式的灯光没有效果。

【Arc】选项：该项可通过指定旋转的角度创建球形、圆锥形或圆柱形灯光的一部分。可以从 0～360°。最常用的默认值是 180°～360°。此选项不能应用于箱形灯，即"Box"

类型。

　　✦【Cone End Radius】选项：该项仅用于圆锥形灯光，值为 1 代表圆柱体，值为 0 代表圆锥体。

　　✦【Emit Ambient】选项：开启此项则灯光会从多个方向影响曲面。

　　③【Penumbra】选项：该项仅用于圆锥形和圆柱形灯光，包含用于处理半阴影的属性。调整图表可调整光线的蔓延和陡降，左边表示圆锥体或圆柱体边缘之外的光线强度，右边表示从光束中心到边缘的光线强度。

　　2.【Light Effects（灯光特效）】面板

　　（1）【Light Fog（灯光雾）】选项

　　选择灯光，打开灯光的属性面板，单击【Light Fog】右边的按钮 ，如图 4-27 所示，系统将自动创建一个 cone Shape（渲染椎体）节点。

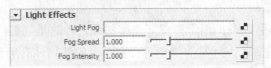

图 4-27　灯光特效中的 Light Fog（灯光雾）属性

　　选择【Window（窗口）】→【Rendering Editors（渲染编辑器）】→【Hypershade（超级滤光器）】命令，打开【Hypershade（超级滤光器）】窗口，选择【Lights】选项卡，选中被创建灯光雾的灯光，然后单击 按钮即可看到这个节点，如图 4-28 所示。

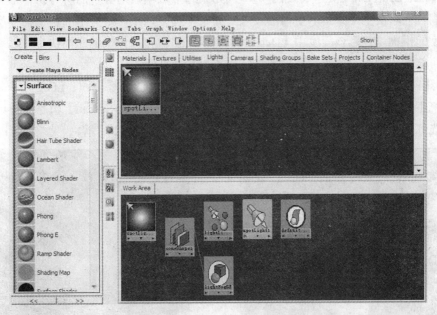

图 4-28　cone Shape 节点

　　单击【Light Fog】选项右边的 按钮（见图 4-29），可进入【Light Fog Attributes（灯光雾属性）】面板，如图 4-30 所示。

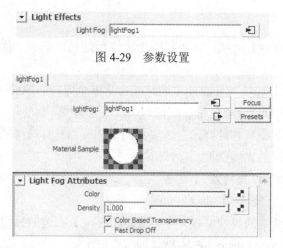

图 4-29　参数设置

图 4-30　灯光雾的属性

①【Color（颜色）】选项：用于设置灯光雾的颜色。这里需要注意的是，灯光的颜色也会影响到被照亮雾的颜色，而雾的颜色不会对场景中的物体有照明作用。

②【Density（密度）】选项：用于设置雾的密度。密度越高，雾中或雾后的物体就会变得越模糊，同时密度会影响到雾的亮度。

③【Color Based Transparency（颜色基于透明度）】选项：选中该项，则雾中雾后的物体模糊程度将基于【Density】和【Color】的值。

④【Fast Drop Off（快速衰减）】选项：如果选中该项，则雾中的所有物体都会产生同样的模糊，并取决于【Density】值的设置；如果不选中该项，则雾中的各个物体均会产生不同程度的模糊，并且该程度由【Density】值以及物体和摄像机的距离决定，远离摄像机的物体可能会模糊得很厉害，此时要酌情考虑减小【Density】值。

（2）【Fog Spread（雾扩散）】选项：用于控制灯光雾的传播面积。【Fog Spread】值越大，所产生的雾亮度越均匀、越饱和，如图 4-31 所示；【Fog Spread】值越小，所产生的雾在聚光灯光束中心部分比较亮，到边缘逐渐减弱，如图 4-32 所示。

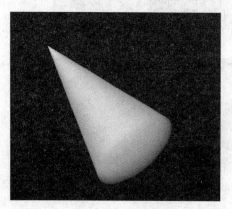

图 4-31　Fog Spread 值为 5　　　　　图 4-32　Fog Spread 值为 0.5

灯光雾在纵向上的衰减可在【Decay Rate】选项中设置，如图 4-33 所示。

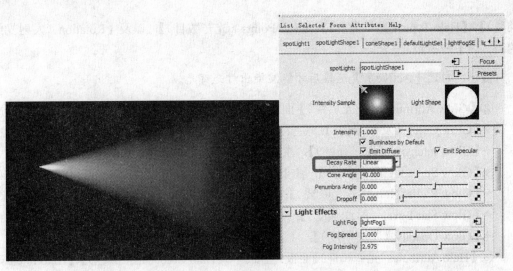

图 4-33　灯光雾的衰减设置

（3）【Fog Intensity（雾的强度）】选项：雾的强度值越大，雾将越亮越浓。

（4）【Light Glow（灯光辉光）】选项：仅用于点光源、聚光灯、区域光和体积光，用来模拟太阳光斑等类似发光效果。

单击【Light Glow】选项右侧的贴图按钮，Maya 自动创建一个光学 FX 节点，并将其连接到灯光上。进入此节点，单击【Light Glow】选项右侧的　按钮，打开如图 4-34 所示的面板，调节相应的参数。

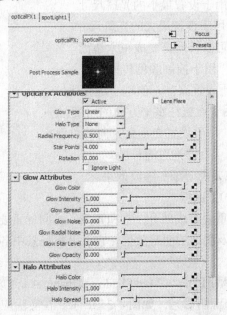

图 4-34　【Light Glow（灯光雾）】的属性

OpticalFX 的参数虽然很多，但是很容易理解。其参数主要由以下 5 部分组成。

① 【Optical FX Attributes（光学 FX 属性）】面板：主要用于调节【Glow Type（发光

类型）】、【Halo Type（光晕类型）】、【Star Points（光芒数目）】，以及【Rotation（发射光线的旋）转】等参数。

提示：勾选【Active】复选框后才能渲染出灯光辉光。

②【Glow Attributes（发光属性）】面板：主要用于调节发光效果，包括以下几个选项。

✦【Glow Color（发光颜色）】：主要用于设置发光的颜色。

✦【Glow Intensity（发光强度）】：主要用于设置发光的强度。

✦【Glow Spread（发光扩散）】：主要控制发光的大小。

✦【Glow Radial Noise（辉光噪波）】：主要控制辉光的随机扩散，产生长短不一的效果。

✦【Glow Star Level（射线强度）】：主要用于控制射线的强度。

✦【Glow Opacity（不透明度）】：主要用于设置发光的不透明度。

③【Halo Attributes（光晕属性）】面板：主要调节【Halo Color（光晕颜色）】、【Halo Intensity（光晕强度）】、【Halo Spread（光晕的扩散，控制光晕的半径）】。

④【Lens Flare Attributes（镜头眩光属性）】面板：用于设置镜头耀斑光圈的颜色、强度、数目、尺寸、聚焦等参数。该面板中的参数只有在勾选【Optical FX Attributes（光学 FX 属性）】面板中的【Lens Flare】复选框时才有效。

✦【Flare Color】：用于设置光斑的颜色。

✦【Flare Intensity】：用于设置光斑的强度。

✦【Flare Num Circles】：用于设置光斑的数目。

✦【Flare Min Size】：用于设置最小的光斑尺寸。

✦【Flare Max Size】：用于设置最大的光斑尺寸。

✦【Hexagon Flare】：可以将光斑变成正六边形。

✦【Flare Col Spread】：用于控制颜色传播。

✦【Flare Focus】：用于设置聚焦，值越小越虚化。

✦【Flare Vertical】：用于设置在水平方向的角度。

✦【Flare Horizontal】：用于设置在垂直方向的角度。

✦【Flare Length】：用于设置光斑的长度。

⑤【Noise】面板：主要用于添加噪波效果。

3．【Shadows（阴影）】面板

阴影是灯光设计中的重要组成部分，它和光照本身同样重要。灯光阴影可增强场景的真实感、色彩丰富的层次及图像的明暗效果，它可以将场景中各种物体更紧密地结合在一起，改善场景的有机构成。

灯光阴影包括两种类型：【Depth Map Shadow Attributes（深度贴图阴影）】和【Raytrace Shadow Attributes（光线追踪阴影）】，如图 4-35 所示。在实际应用中只能选其一。

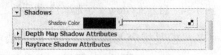

图 4-35　Maya 阴影的类型

4.【Depth Map Shadow Attributes（深度贴图阴影）】面板

深度贴图阴影是一种模拟的算法，它描述了从光源到灯光照亮对象之间的距离。深度贴图文件包中包含一个深度通道。深度贴图中每个像素都代表了在指定方向上，从灯光到最近的投射阴影之间的距离。

5.【Raytrace Shadow Attributes（光线追踪阴影）】面板

创建光线追踪阴影时，Maya 会根据摄像机到光源之间运动的路径对灯光光线进行跟踪计算，大部分情况下光线追踪阴影能提供非常好的效果，但同时也是非常耗费时间的。

光线追踪能产生深度贴图不能产生的效果，如透明对象产生的阴影；但光线追踪阴影产生柔和边缘的阴影是非常耗时的，如果需要得到这样的阴影，一般用深度贴图阴影来模拟。

〖**任务拓展**〗 灯光雾效的制作

（1）建立新场景，如图 4-36 所示。

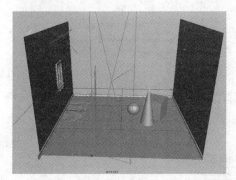

图 4-36 建立新场景

（2）在场景中创建【Spot Light（聚光灯）】对象，并切换至灯光穿越视图，对灯光照明方向进行调整，如图 4-37 所示。

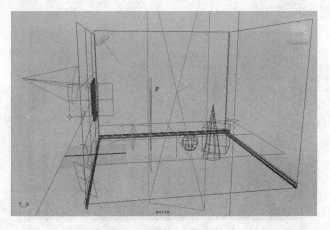

图 4-37 调整聚光灯照明方向

（3）在属性编辑面板的【Shadows （阴影）】选项栏中开启【Use Depth Map Shadows（使用深度贴图阴影）】选项，并对场景进行测试渲染，如图 4-38 所示。

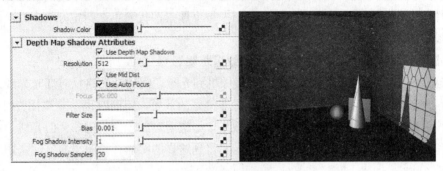

图 4-38　开启深度贴图阴影

（4）在【Light Effects（灯光特效）】选项栏中单击【Light Fog（灯光雾）】选项右侧的 按钮，将产生用于和灯光节点相连接的灯光雾节点，在属性编辑器中显示出来，如图 4-39 所示。

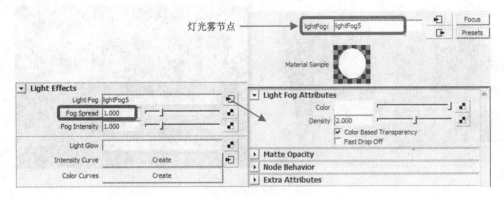

图 4-39　创建灯光雾节点

（5）在灯光雾节点属性面板中调整【Density（密度）】参数值为 2，对场景进行测试渲染，图像效果如图 4-40 所示。

图 4-40　灯光雾效果

〖任务总结〗

1. 对场景进行照明效果的设置遵循三点布光的照明原则，也就是主光/辅光/背光的基本设置方法。

2. 主光的亮度倍数应该是所有灯光中最强的，所以物体的阴影也主要由主光投射产生。辅助光主要修饰主光照射不到的位置，改善物体的明暗过渡。辅助光的照明强度应该低于主光的照明强度，否则会造成主次不分的情况。背光是在摄像机与主光相对位置用于勾勒物体轮廓的光源，强度应该比辅助光更低一些。

3. 一般主光源投射出的阴影比较清晰，对比度也比较大。辅助光一般使用软阴影，尽量保证画面的逻辑关系。辅助光在不需要使用阴影的情况下尽量不要用，因为太多的光有阴影会使场景不易控制，出现问题时非常麻烦，特别是比较复杂的场景。

4. 灯光雾效仅用于点光源、聚光灯和体积光。

5. 灯光阴影：【Depth Map Shadow Attributes（深度贴图阴影）】和【Raytrace Shadow Attributes（光线追踪阴影）】的创建。

〖评估〗

任务一 评估表

	任务一评估细则	自　评	教 师 评
1	灯光的创建		
2	三点布光原则		
3	灯光阴影的创建		
任务综合评估			

第 5 章　摄像机

摄像机是用户观察和渲染场景的窗口，渲染输出的过程被认为是将摄像机镜头中所观察到的三维场景转换为二维场景的过程，因此摄像机视图的观察角度将决定最终输出的图像观察角度。

图 5-1　静物

通过本章的学习，你将学到以下内容：

✦ 认识摄像机

✦ 认识和掌握摄像机属性

✦ 认识摄像机动画

任务一　摄像机的景深效果

在真实的摄影机有一个聚焦范围，这个范围被称为【Depth of Field（景深）】，在景深范围内的物体会比较清晰，而在范围外的物体，无论是太近还是太远都是模糊的，在 Maya

的默认情况下，无论物体距离摄像机的远近都将处于聚焦状态而产生清晰的图像效果，也可以通过摄像机的景深设置来模拟专注于某一特定区域的图像效果，如图 5-2 所示。

图 5-2　景深效果

〖任务分析〗

1．制作分析

✦ 使用【Create（创建）】→【Cameras（摄像机）】→【Camera（摄像机）】命令创建摄像机。

✦ 打开属性编辑面板，调整摄像机属性。

2．工具分析

✦ 使用【Create（创建）】→【Cameras（摄像机）】→【Camera（摄像机）】命令创建摄像机。

✦ 切换到摄像机视图，使用【Panels（面板）】→【Perspective（视角）】→【Camera1（摄像机 1）】命令。

✦ 按下【Ctrl+A】组合键打开属性编辑面板。

✦ 开启景深选项，在属性面板的【Depth of Field（景深）】选项栏中开启【Depth of Field（景深）】选项。

✦ 调整【Focus Distance（聚焦距离）】、【F Stop（聚焦范围）】的参数值。

3．通过本任务的制作，要求掌握如下内容

✦ 学习创建摄像机。

✦ 学习切换到摄像机视图。

✦ 学习打开并编辑摄像机属性。

〖**任务实施**〗

（1）打开文件，执行【File（文件）】→【Open（项目）】命令，打开光盘文件"Project 5/scenes/ camera.mb"

（2）创建摄像机，执行【Create（创建）】→【Cameras（摄像机）】→【Camera（摄像机）】命令，在场景中创建摄像机，如图 5-3 所示。

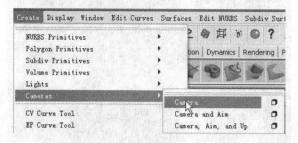

图 5-3　创建摄像机

（3）切换到摄像机视图，在视图菜单中执行【Panels（面板）】→【Perspective（视角）】→【Camera1（摄像机 1）】命令，如图 5-4 所示。

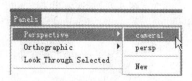

图 5-4　摄像机视图

（4）打开属性编辑面板，执行【View（视图）】→【Select Camera（摄像机）】菜单命令，按下【Ctrl+A】组合键打开属性编辑面板。

（5）开启景深选项，在属性面板的【Depth of Field（景深）】选项栏中开启【Depth of Field（景深）】选项，并在默认情况下进行测试渲染，如图 5-5 所示。

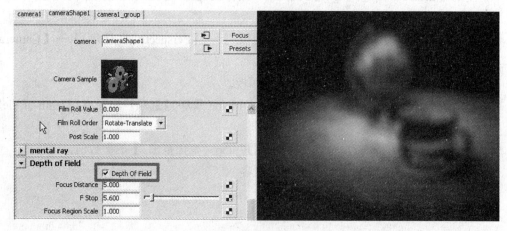

图 5-5　开启景深选项

（6）调整聚焦距离，在【Depth of Field（景深）】选项栏中调整【Focus Distance（聚焦距离）】参数值，改变景深范围最远点和摄像机之间的距离，参考参数 70、150，如图 5-6 所示。

图 5-6　调整聚焦距离

（7）调整聚焦范围，在【Depth of Field（景深）】选项栏中调整【F Stop（聚焦范围）】参数值改变景深范围的大小，参考参数 5、20，如图 5-7 所示。

图 5-7　调整聚焦范围

（8）根据自己的爱好设定景深效果。

〖 新知解析 〗

一、摄像机类型

摄像机类型如图 5-8 所示。

【Camera（单节点摄像机）】：仅通过一个节点来控制摄像机的位置和方向，通常用于渲染单帧图像以及在不需要对摄像机进行运动的情况下使用。

【Camera and Aim（两节点摄像机）】：通过两个节点来控制摄像机的位置和方向，可以用来模拟复杂的摄像机运动，可以控制观察点。

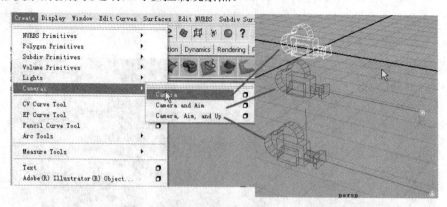

图 5-8　摄像机类型

【Camera, Aim, and Up（三节点摄像机）】：通过三个节点来控制摄像机的位置和方向，可以用来模拟复杂的摄像机运动，包括观察点和摄像机的顶方向的控制。

二、摄像机的主要属性

1. 基础属性（Camera Attribute）

摄像机基本属性对话框如图 5-9 所示。

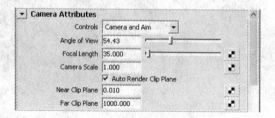

图 5-9　摄像机基本属性

✦【Angle of View（视角）】：决定了镜头中物体的大小。

✦【Focal Length（焦距）】：镜头中心至胶片的距离。焦距的单位是毫米 （mm） ，相机的其他大部分和长度，有关的属性的单位是英尺（inch），1 inch ≈ 24.5 mm。

✦【Camera Scale（焦距的缩放值）】：FocalLength'= FocalLength / Camera Scale，Focal Length'表示实际的值，Focal Length 表示设定的值。

✦【Near Clip Plane（近切面）】：以距离为基准。

✦【Far Clip Plane（远切面）】：以物体为基准。

2. 影片属性（Film Back）

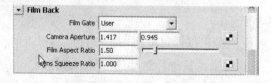

图 5-10　Film Back 属性

✦【Film Gate（胶片指示器）】：代表摄像机所真实观察到的场景范围。

✦【Camera Aperture（摄像机孔径）】：参数改变摄像机孔径宽度和高度，进而影响【Angle of View（视角）】参数和【Focal Length（焦距）】参数之间的关系。

✦【Film Aspect Ratio（胶片比率）】：可以对摄像机的高宽比产生影响。

✦【Lens Squeeze Ratio（透视镜压缩比例）】：影响摄像机的透镜水平压缩影像的数量。

3．景深属性【Depth of Field】

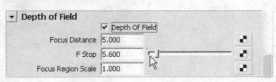

图 5-11　景深属性

✦【Focus Distance（聚焦距离）】：改变景深范围最远点与摄像机之间的距离。

✦【F Stop（聚焦范围）】：改变景深范围的大小。参数通过控制摄像机的光圈进而影响景深范围，参数越低则景深范围越窄；反之，越大景深范围越宽。

✦【Focus Region Scale（聚焦区域缩放）】：该参数值用来补偿场景中线性单位变化对景深效果产生的影响，可以控制失焦锐化度，Focus Region Scale 值越小，景深以外的物体越模糊。

〖任务拓展〗 摄像机路径动画

（1）打开文件，执行【File（文件）】→【Open（项目）】命令，打开光盘文件"Project 5/scenes/earth.mb"，如图 5-12 所示。

图 5-12　打开文件

（2）执行【Create（创建）】→【CV Curve Tool（CV 曲线工具）】命令，在 Top 视图中绘制 CV 曲线，如图 5-13 所示。

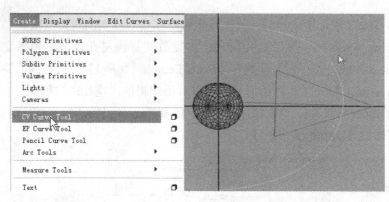

图 5-13　绘制 CV 曲线

（3）创建摄像机，执行【Create（创建）】→【Cameras（摄像机）】→【Camera（摄像机）】命令，在场景中创建摄像机。

（4）对齐摄像机，选择摄像机，按下【Shift】键单击 CV 曲线进行加选，切换至【Animation（动画）】功能菜单组，执行【Animation（动画）】→【Motion Path（运动路径）】→【Attach to Motion Path（结合到运动路径）】命令，摄像机会自动对齐到曲线起始点的位置，如图 5-14 所示。

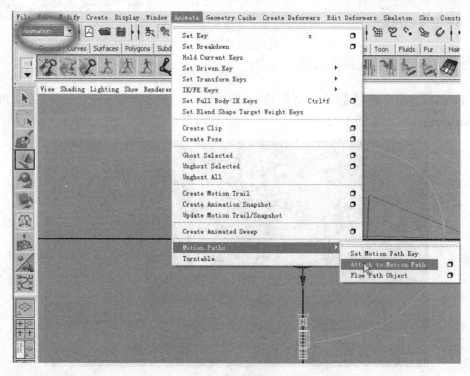

图 5-14　对齐摄像机

（5）播放效果，切换至 Top 视图，单击滑块区的 ▷ 播放按钮，对摄像机动画效果进行播放，如图 5-15 所示。

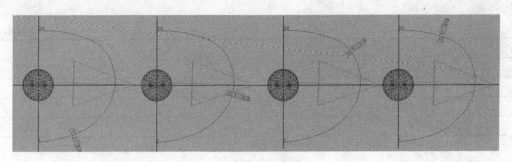

图 5-15 播放效果

（6）调整摄像机，选择摄像机并对其旋转，或者在属性编辑面板的【Motion Path Attributes（运动路径属性）】选项栏中调整【Front Axis（前方轴向）】或【Up Axis（上方轴向）】方式，可以将摄像机视角调整为需要的方向。

（7）动画播放，如图 5-16 所示。

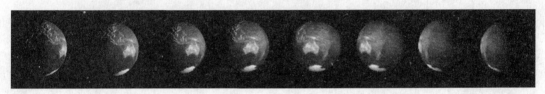

图 5-16 动画截图

〖任务总结〗

（1）执行【Create（创建）】→【Cameras（摄像机）】→【Camera（摄像机）】命令，创建摄像机。

（2）切换到摄像机视图，执行【Panels（面板）】→【Perspective（视角）】→【Camera1（摄像机 1）】命令，按下【Ctrl+A】组合键打开属性编辑面板。

（3）开启景深选项，在属性面板的【Depth of Field（景深）】选项栏中开启【Depth of Field（景深）】选项，调整【Focus Distance（聚焦距离）】、【F Stop（聚焦范围）】的参数值。

（4）对齐摄像机，选择摄像机，按下【Shift】键单击 CV 曲线进行加选，切换至【Animation（动画）】功能菜单组，执行【Animation（动画）】→【Motion Path（运动路径）】→【Attach to Motion Path（结合到运动路径）】命令，摄像机会自动对齐到曲线起始点的位置。

〖评估〗

任务一 评估表

任务一评估细则		自 评	教 师 评
1	摄像机的创建		
2	切换摄像机视图		

续表

	任务一评估细则	自 评	教 师 评
3	调整摄像机属性		
4	摄像机景深效果		
5	摄像机路径动画		
任务综合评估			

第 6 章　材质

材质是用来描述物体如何反射和投射光线的手段，而在直观效果上则体现为物体表面是光滑的还是粗糙的、是带有光泽的还是暗淡无光的、是否带有发光效果、是否具有反射和折射，以及透明和半透明效果的表现等。三维制作时，通常将物体的外观表现统一称之为材质，但实际上材质由质感和纹理两个基本内容所组成。质感是指物体的基本物理属性，也就是通常所提到的金属质感、玻璃质感、皮肤质感等，而纹理是指物体表面的图案、凹凸和反射等，如图 6-1 所示。

图 6-1　材质效果图

通过本章的学习，你将学到以下内容：

✦ Hypershade（材质编辑器）的构成与功能

✦ 高反光、低反光的物体材质

✦ Textures（纹理）类型及属性设置

Hypershade（材质编辑器）的构成示意图如下所示。

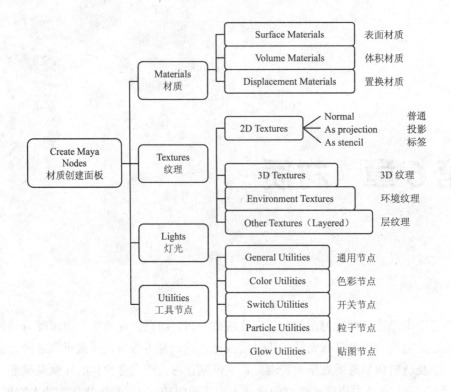

任务一　制作一杯茶

在各类 3D 电影中，三维建模师们需要设计许多透明、半透明的材质，如玻璃杯、酒瓶还有光亮的金属等质感，这些材质可以通过改变反光强弱和透明度来实现并通过光线追踪来模拟出真实的效果，还有很多物体却是低反光的如纸张、布匹等，这个任务将简单、快速地让读者了解高反光物体和低反光物体的材质，如图 6-2 所示。

图 6-2　制作一杯茶

〖任务分析〗

1．制作分析

✦ 了解材质类型关系。

✦ 使用【Hypershade（材质编辑器）】命令创建材质节点。

✦ 使用属性编辑面板编辑材质属性。

✦ 对场景进行渲染。

2．工具分析

✦ 执行【Window（窗口）】→【Rendering Editors（渲染编辑器）】→【Hypershade（材质编辑器）】命令，创建材质节点。

✦ 选择编辑对象，按下【Ctrl+A】组合键打开属性编辑面板。

✦ 对场景进行渲染。

3．通过本任务的制作，要求掌握如下内容

✦ 执行【Window（窗口）】→【Rendering Editors（渲染编辑器）】→【Hypershade（材质编辑器）】命令，创建材质节点。

✦ 选择编辑对象，按下【Ctrl+A】组合键打开属性编辑面板。

✦ 调整【Checker Attributes】纹理颜色和【2d Texture Placement Attributes】的【Repeat UV】重复度。

✦ 了解属性面板的【Specular shading（高光明暗）】、【Specular color（高光颜色）】选项栏，调整【Cosine power（余弦幂）】。

✦ 了解属性面板的【Common material attributes（常用材质属性）】选项栏，调整【Transparecy（透明度）】。

✦ 了解属性面板的【Raytrace options（光线追踪选项）】选项栏，调整【Refractive index（折射率）】。

✦ 了解【Render setting（渲染设置）】窗口中【Maya software（Maya 软件）】标签下的【Raytracing quality（光线追踪质量）】选项栏中的【Raytracing（光线追踪）】选项，以及【Quality（质量）】选项的【Production quality（产品质量）】类型。

✦ 了解属性面板设置【Ambient color（环境色）】选项的 HSV 参数。

〖任务实施〗

（1）打开文件，执行【File（文件）】→【Open（项目）】命令，打开光盘文件"Project 6/scenes/Cup.mb"

（2）通过材质编辑器编辑材质，执行【Window（窗口）】→【Rendering Editors（渲染编辑器）】→【Hypershade（材质编辑器）】命令，创建 Phong 材质节点，右键拖动鼠标将其赋予场景中的玻璃杯对象，如图 6-3 所示。

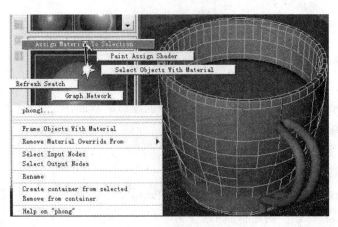

图 6-3　Phong 材质赋予玻璃杯对象

（3）选择场景的环境对象，在视图中按下鼠标右键，在弹出的快捷菜单中选择【Assign new materials（制定新材质）】→【Lambert】选项，为其指定【Lambert】材质类型，在材质属性编辑面板中的【Color（颜色）】纹理通道内指定【Checker（棋盘）】并对【Checker Attributes】纹理颜色和【2d Texture Placement Attributes】的【Repeat UV】重复度进行适当调整，如图 6-4 所示。

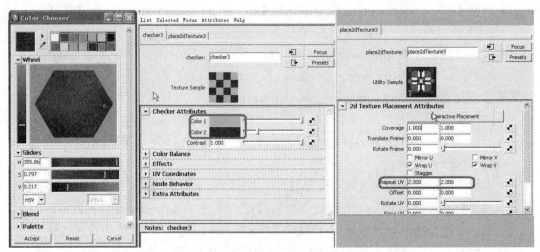

图 6-4　修改纹理颜色和重复度

（4）按　按钮对场景进行测试渲染，观察玻璃杯基本材质效果，如图 6-5 所示。

（5）选择场景的玻璃杯对象，按下【Ctrl+A】组合键打开属性编辑面板，在 Phong 材质属性面板的【Specular shading（高光明暗）】选项栏中调整【Cosine power（余弦幂）】参数值为 96，【Specular color（高光颜色）】选项为白色，并观察实时渲染更新的结果。

（6）在 Phong 材质属性面板的【Common Material Attributes（常用材质属性）】选项栏中调整【Transparency（透明度）】颜色为白色，并在渲染视图窗口再次渲染，如图 6-6 所示。

图 6-5　渲染基本材质

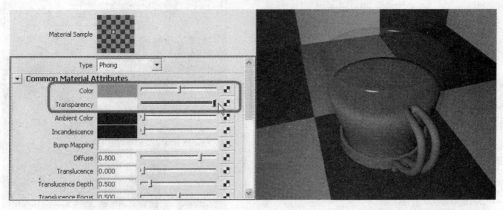

图 6-6　修改透明度

（7）在 Phong 材质属性面板的【Raytrace Options （光线追踪选项）】并调整【Refractive Index（折射率）】参数值为 1.5，如图 6-7 所示。

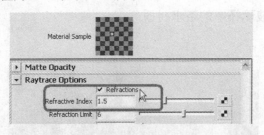

图 6-7　修改折射率

（8）在【Render Settings（渲染设置）】窗口的【Maya Software（Maya 软件）】标签下开启【Raytracing Quality（光线追踪质量）】选项栏中的【Raytracing（光线追踪）】选项并在视图渲染窗口中单击 按钮对场景进行渲染，如图 6-8 所示。

（9）在 Phong 材质属性面板的【Specular Shading（高光明暗）】选项栏中调整【Reflectivity（反射率）】参数值为 0.2。

（10）打开【Render Settings（渲染设置）】窗口，为【Maya Software（Maya 软件）】

标签下的【Quality（质量）】选项指定【Production Quality（产品质量）】类型，并对场景进行渲染，渲染图像效果如图 6-9 所示。

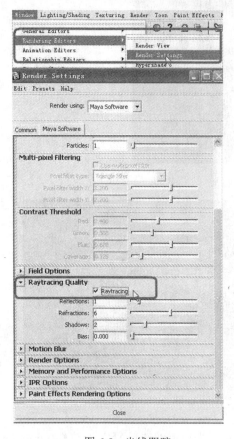

图 6-8　光线跟踪

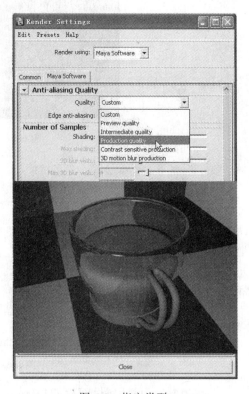

图 6-9　指定类型

〖**任务强化**〗　制作玻璃杯中的茶水材质

具体效果如图 6-10 所示。

图 6-10　茶水材质

玻璃杯里茶水的材质与玻璃杯的材质是一样的，只是要调节颜色以模拟茶水的颜色，动手试试吧。

〖新知解析〗

一、材质编辑器的构成

Hypershade（材质编辑器）是材质编辑的主要操作平台，可以方便查看和编辑节点、节点网络关系，以及材质和纹理属性的面板。

Maya 材质编辑器由 5 个部分组成，分别是菜单栏、工具栏、创建面板、上标签和下标签，如图 6-11 所示。

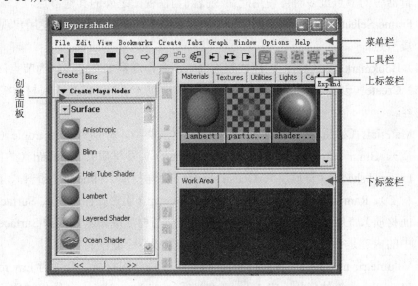

图 6-11 材质编辑器

1. 菜单栏

菜单栏中包含 Hypershade（材质编辑器）的所有命令，如图 6-12 所示。

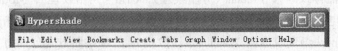

图 6-12 Hypershade（材质编辑器）菜单栏

（1）File（文件）：用于输入和输出场景或材质图形。使用这些菜单中的项目可以输入或输出纹理、灯光和渲染后的场景。

（2）Edit（编辑）菜单中的命令主要针对节点和节点网络进行编辑，这里主要了解 Delete Unused nodes（删除未使用节点）、Duplicate（复制节点）、Convert to file Texture（转换为文件贴图）这三个重要命令。

　✦ Delete unused nodes（删除未使用节点）：用于删除没有指定给任何几何物体或粒子的节点或节点网络。

✦ Duplicate（复制节点）：复制节点命令分别有三种选项，即 Shading Network（复制节点网络）、Without network（复制不带网络的节点）、With connections to network（复制一个新的材质）。

✦ Convert to file texture（转换为文件贴图）：将某材质或纹理转换成一个图像文件，该文件可以作为一个带 UV 坐标的文件贴图来替换原来的文件用户可以将选择的材质节点、2D 或 3D 纹理转换为文件贴图。如果选择了 shading group（材质组）节点则灯光信息也将同时被复制到图像中。

（3）View（图像显示）：

✦ Frame All（全屏显示的所有物体）：在材质编辑器中显示所有材质节点，当材质编辑器中的节点过多时可使用此命令找到当前视图之外的其他节点。

✦ Frame Selected（显示被选物体）：最大化显示选中的节点。方便用户观察、调整材质节点。

（4）Bookmarks（书签）：创建或删除书签，方便观察多套连接好的节点网络。

（5）Create（创建）：在 Create（创建）菜单中包含了 Hypershade（材质编辑器）中主要的内容。

✦ Materials（材质球）：包括了 12 种表面材质类型，分别为 Ansotropic（各项异性材质）、Blinn（布林材质）、Hair tube shader（头发材质）、Lambert（兰伯特材质）、Layered shader（材质层）、Ocean shader（海洋材质）、Phong（塑料）、Phong E（塑料 E）、Ramp shader（渐变材质）、Shadingmap（阴影贴图材质）、Surface shader（表面材质）、Use background（背景材质）。他与材质编辑器左侧的 Surface（表面材质中的内容是一样的），可以通过选择直接生成一个新的材质球。

✦ Volumetric materials（体积材质）：包括了 6 种体积材质，分别为 Env fog（环境雾）Fluid shape 流体形状、Lightfog（灯光雾）、Volume shader（体积材质）。

✦ 2D textures（二维纹理）：包括 14 种 2D 与三种贴图方法。14 种 2D 纹理分别为 Bulge（凸出纹理）、Checker（棋盘格纹理）、Cloth（布料纹理）、File（文件纹理）、Fluid texture 2D（2D 流体纹理）、Fractal（分型纹理）、Grid（网格纹理）、Mountain 山脉纹理、Movie（电影纹理）Noise（噪波纹理）、Ocean（海洋纹理）、PSDfile（Photoshop 文件）、Ramp（渐变纹理）、Water（水波纹理）；三种贴图方式分别为 Normal（普通）、Asproject（投影）和 AS stencil（标签）。

✦ 3Dtextures（三维纹理）：包括 13 种 3D 纹理，分别为 Brownian（布朗）、Cloud（云）、Grater（弹坑）、Fluid texture3D（3D 流体纹理）、Granite（花岗岩）、Leather（皮革）Marble（大理石）、Rock（岩石）、Snow（雪）、Stucco（灰泥）、Solidfractal（固体分形）、Volumenoise（体积噪波）、Wood（木纹）。

✦ Environment（环境材质）：包括 5 种环境节点，分别为 Env Ball（环境球）、Env Chrome（镀铬环境）、Env Cube（环境块）、Env Sky（环境天空）、Env Sphore（环境球）。

✦ Layered Texture（层材质）：层纹理可以以不同的 Blend（混合）模式把场景中已存

在的两个或多个纹理合成在一起。

✦ Utilities（工具节点）：包括 General（常规节点）、Switch（开关节点）、Color（颜色节点）、Particle（粒子节点）。

✦ Light（灯光）：包括 6 种灯光类型，分别是 Ambient（环境光）、Directional Light（平行光）、Point Light（泛光灯）、Spot Light（聚灯光）、Area Light（面积光）、Volume Light（体积光）。

✦ Camera（摄影机）：包含摄影机和图像平面节点。选择此命令在场景中就会自动生成一个摄影机。

✦ Create Render Node（创建窗口）：打开有多个选项的窗口，将上述选项集合在一起的渲染节点的类型视窗。

✦ Create Option（创建选项）：该选项中的功能可以方便用户不必手动连接一些默认的节点，即连接的节点。

✦ Include Shading Group with Materials（自动创建材质组）：打开此项，当用户创建一个材质球时，系统则会自动创建一个 Shading Group（灯光组）与之连接。

✦ Include Placement with Textures（创建纹理坐标）：打开此项，在创建 2D 或 3D 纹理时会自动生成一个纹理坐标系与之连接。

（6）Tabs（标签）：Tabs（标签）中的各命令

✦ Create New Tab（生成一个新的标签）：选择此命令将弹出一个对话框，可设置新标签的名称、位置、内容属性。

✦ Tab type（标签类型）：包含 3 种标签类型，分别为 Scene（场景）、Disk（硬盘）、Work area（工作区域）。

Scene（场景）：将新标签添加到场景材质组中。

Disk（硬盘）：将某一文件包中的材质文件调入标签。选择该项会产生一个 Root Directory 路径，可以将指定的文件包调入。可以根据你所想加入的文件类型进行选择。

Work area（工作区域）：将新标签添加到新工作区域中。

Show nodes which are（显示类型）：选择标签中自定义的显示类型。

单击"Create"（创建）按钮，即可在 Top Bar 中生成一个新标签，用来显示场景样本，内容为材质类型。

More Tab up（移动标签命令）：可以将所选中的标签进行上移、下移、左移和右移的变动。

Rename Tab（重命名）：对新标签重新命名。

Remove Tab（删除）：删除新建标签或默认的所有标签。

Revert to Default Tabs（返回默认状态）：利用此项命令可以清除所有新建的 Tab。在执行此命令时，会弹出一个对话框，警示你将失去新建的 Tab。

Show Tab（显示标签）：用于显示 Tab。

Show top and bottom tabs（显示上下标签）：显示 Top 和 Bottom Tab。

（7）Graph（图表）：Graph（图表）中的常用命令

Graph Materials on selected Objects（显示节点网络）：显示在场景中选择的某一个物体模型上的所有节点网络视图，前提是必须对其施加了材质节点。

Clear Graph（清除）：清除 Hypershade（材质编辑器）的 Work area（工作区）的所有节点。

Rearrange Graph（重新组织节点视图）：利用这一命令，可以重新排列节点网络。

（8）Window（视窗）："视窗"菜单中的命令都为开启其他窗口命令，主要包括：Attribute Editor（属性编辑器）、Attribute Spread Sheet（属性列表编辑器）、Connection Editor（关联编辑器）和 Connect Selected（连接选择节点）命令。

Attribute Editor（属性编辑器）：显示所选节点的属性编辑器。还有一种更为便捷的方式就是选择节点后按【Ctrl+A】组合键即可调用。

Attribute Spread Sheet（属性列表编辑器）：它可以对所选节点的多种属性在一个编辑栏中同时编辑。这些节点的属性在 Channel box（通道盒）中也有对应。

Connection Editor（关联编辑器）：显示连接属性编辑器。将所选的节点分别放置于输入和输出列表中。将其相关联的节点属性进行高亮显示。这样就可以形成新的节点网络。还可以直接利用鼠标在节点图标中进行连接，形成更为直观。

Elected（连接选择节点）：此命令可以将所选择的任意节点属性在 Connection Editor（关联编辑器）的输出列表中显示。

（9）Options（选项栏）：Options（选项栏）中的命令

下面主要介绍常用的 Create bar（材质创建面板）命令，该命令可以对 Create Maya Nodes 进行显示或隐藏，功能与图 3-25 中的按钮相同。其中常用的子命令如下：

Display lcons and text（显示按钮和名称）：显示选择图文按钮和名称。

Display lcons only（只显示图文按钮）：这样可以用来扩大工作视窗。

2. 常用工具栏

常用工具栏如图 6-13 所示。

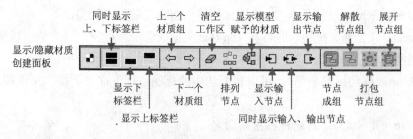

图 6-13　常用工具栏

3. Create Maya Nodes（材质创建面板）

Maya 的 Surface Materials（表面材质）中的材质球是直接使用在模型表面，模拟真实世界中不同质感的物体，如图 6-14 所示。

4．Top Tabs（上标签栏）

用来存放用户自定义创建的材质、纹理、灯光等节点。

5．Bottom Tabs（下标签栏）

在一般情况下，主要使用其中的 Work Area（工作区），工作区是调配材质的重要平台，可以把它比做画家手中的调色板，材质节点的连接和图标都可以在这里看到。

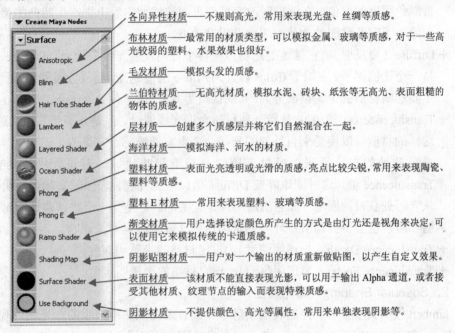

各向异性材质——不规则高光，常用来表现光盘、丝绸等质感。

布林材质——最常用的材质类型，可以模拟金属、玻璃等质感，对于一些高光较弱的塑料、水果效果也很好。

毛发材质——模拟头发的质感。

兰伯特材质——无高光材质，模拟水泥、砖块、纸张等无高光、表面粗糙的物体的质感。

层材质——创建多个质感层并将它们自然混合在一起。

海洋材质——模拟海洋、河水的材质。

塑料材质——表面光亮透明或光滑的质感，亮点比较尖锐，常用来表现陶瓷、塑料等质感。

塑料 E 材质——常用来表现塑料、玻璃等质感。

渐变材质——用户选择设定颜色所产生的方式是由灯光还是视角来决定，可以使用它来模拟传统的卡通质感。

阴影贴图材质——用户对一个输出的材质重新做贴图，以产生自定义效果。

表面材质——该材质不能直接表现光影，可以用于输出 Alpha 通道，或者接受其他材质、纹理节点的输入而表现特殊质感。

阴影材质——不提供颜色、高光等属性，常用来单独表现阴影等。

图 6-14　材质创建面板

二、材质的属性

材质基本属性主要有五大类：Common　Material Attributes（通用材质属性）、Specular Shading（高光材质）、Special Effects（特殊属性）、Matte Opacity（不透明遮罩）和 Raytrace Optacity（光线追踪）。

1．Common Material Attributes（通用材质属性）

通用材质属性是指大部分的材质都具有的属性。基本上描述了物体表面的视觉元素的大部分内容。

✦ Color（颜色）：设置材质的颜色，又叫漫反射颜色。在 Color Chooser（色彩调节器）中精确调整。

✦ Transparency（透明度）：Transparency 的值为 0（黑）表面完全不透明。若值为 1（白）为完全透明。

✦ Ambient Color（环境色）：颜色默认为黑色，这时它并不影响材质的颜色。当 Ambient Color 变亮时，它改变被照亮部分的颜色，并混合这两种颜色（主要是影响材质的阴影和中间调部分。它是模拟环境对材质影响的效果，是一个被动的反映）。

✦ Incandescence（自发光）：又称白炽属性，模仿表面自发光的物体，并不能照亮别的物体，但在 Insight（日本渲匠）渲染器中一旦启动了 Self Emission（光能发散）属性，就会真的发光。（和 Ambient Color（环境色）的区别是，一个是被动受光，一个是本身主动发光）。

✦ Bump Mapping（凹凸贴图）：设定物体表面的凹凸程度。通过对凹凸映射纹理的像素颜色强度的取值，在渲染时改变模型表面法线使它看上去产生凹凸的感觉，实际上给予了凹凸贴图的物体的表面并没有改变。

✦ Diffuse（漫反射）：它描述的是物体在各个方向反射光线的能力。Diffuse 值的作用是一个比例因子。应用于 Color 设置，Diffuse 的值越高，越接近设置的表面颜色（它主要影响材质的中间调部分）。其默认值为 0.8，可用值为 0～∞。

✦ Translucence（半透明）：是指一种材质允许光线通过，但是并不是真正的透明状态。这样的材质可以接受来自外部的光线，变得有通透感。常见的半透明材质还有蜡、一定质地的布、纸张、模糊玻璃以及花瓣和叶片等。若设置物体具有较高的 Translucence 值，这时应该降低 Diffuse 值以避免冲突。表面的实际半透明效果基于从光源处获得的照明，和它的透明性是无关的。但是当一个物体越透明时，其半透明和漫射也会得到调节。环境光对半透明（或者漫射）无影响。

✦ Translucence Depth（半透明深度）：设定材质的半透明深度。

✦ Translucence Focus（半透明焦距）：设定材质的半透明焦距。

2．Specular Shading（高光属性）

lambert 没有此类属性，控制表面反射灯光或者表面炽热所产生的辉光的外观。它对于 Lambert、Phong、PhongE、Blinn、Anisotropic 材质的用处很大。

（1）Anisotropic（各向异性）：用于模拟具有细微凹槽的表面，并且镜面高光与凹槽的方向接近于垂直。

✦ Angle（角度）：控制 Anisotropic（各向异性）的高光方向。

✦ Spread X 和 Spread Y（扩散度）：控制 Anisotropic（各向异性）的高光在方向的扩散程度，用这两个参数可以形成柱或锥状的高光。

✦ Roughness（粗糙度）：控制高光粗糙程度。

✦ Fresnel Index（菲涅尔指数）：控制高光强弱。

✦ Specular Color（高光颜色）：控制表面高光的颜色，黑色无表面高光。

✦ Reflectivity（反射率）：控制反射能力的大小。

✦ Reflected Color（反射颜色）：通过添加环境贴图来模拟反射减少渲染时间。

✦ Anisotropic Reflectivity（各项反射率）：自动运算反射率。

（2）Blinn（布林）：具有较好的软高光效果，有高质量的镜面高光效果。

✦ Eccentricity（离心率）：设定镜面高光的范围。

✦ Specular Roll off（高光扩散）：控制表面反射环境的能力。

✦ Specular Color（高光色）：控制表面高光的颜色，黑色无表面高光。

✦ Reflectivity（反射率）：控制反射能力的大小。

✦ Reflected Color（反射颜色）：设定反射颜色。

（3）Ocean Shander（海洋材质）：主要应用于流体。

（4）Phong（塑料）：表面具有光泽的物体。

✦ Cosine Power（余弦率）：控制高光大小。

（5）Ramp Shader（渐变材质）：

✦ Specularity（高光）和 Eccentricity（离心率）：分别控制材质强弱和大小。

✦ Specular Color（高光色）：控制高光的颜色，不是单色，是一个可以直接控制的 Ramp。

✦ Specular Roll off（高光扩散）：用于控制高光的强弱。

3．Special Effects（特效）

✦ Hide Source（隐藏源）：控制平均发射辉光，但看不到辉光的源。

✦ Glow Intensity（辉光强度）：设定辉光的强度。

4．Matte Opacity（遮罩不透明度）

对每一种材质渲染出来的 Alpha 值进行控制，尤其是分层渲染的时候。

✦ Matte Opacity Mode（遮罩不透明模式）：有 Black Hole（黑洞）、Solid Matte（实体遮罩）以及 Opacity Gain（不透明放缩）3 个选项。

✦ Matte Opacity（遮罩不透明度）：设定遮罩的不透明度。

5．Raytrace Options（光线追踪选项）

✦ Refractions（折射）：打开开关，计算光线追踪的效果，在 Render Setting（渲染设置）窗口将 Maya Software（Maya 软件）面板中的 Raytracing Quality（光线追踪质量）栏中的 Raytracing（光线追踪）选项打开。

✦ Refractive Index（折射率）：设定光线穿过透明物体时被弯曲的程度。（是光线从一种介质进入另一种介质时发生，折射率和两种介质有关）。常见物体的折射率如下：空气/水 1.33，空气/玻璃 1.44，空气/石英 1.55，空气/晶体 2.00，空气/钻石 2.42。

✦ Refraction Limit（折射限制）：光线被折射的最大次数，低于 6 次就不计算折射了，一般就是 6 次，次数越多，运算速度就越慢，钻石折射次数一般为 12。如果 Refraction Limit（折射限制）为 10，则表示该表面折射的光线在之前已经过了 9 道折射或反射。该表面不折射前面已经过了 10 次或更多次折射或反射的光。它的取值为 0～∞，滑杆的值为 0～10，默认值为 6。

✦ Light Absorbance（光的吸收率）：此值越大，对光线吸收越强，反射与折射率越小。

✦ Surface Thickness（表面厚度）：是指介质的厚度，通过此项的调节，可以影响折射的范围。一般来说，可以将面片渲染成一个有厚度的物体。

✦ Shadow Attenuation（阴影衰减）：是因折射范围的不同而导致阴影范围的大小变化。

✦ Chromatic Aberration（彩色相差）：打开该选项，在光线追踪时通过折射得到丰富的彩色效果。

✦ Reflection Limit（反射限制）：设定反射的次数。如果 Reflection Limit=10，则表示该表面反射的光线在之前已经过了 9 道反射。该表面不反射前面已经过了 10 次或更多次反射的光。它的取值为 0～∞，滑杆的值为 0～10，默认值为 1。

✦ Reflection Specularity（镜面反射强度）：设定镜面反射强度。此属性用于 Phong、PhongE、Blinn、Anisotropic 材质。

〖任务拓展〗 制作茶杯的金属杯托

效果如图 6-15 所示。

图 6-15 金属杯托

金属材质最重要的特征在于有非常强烈的反射效果和反差强烈的高光。

用来制作金属材质的方法有两种：一种是利用反射颜色贴图制作金属材质；另一种是利用光线追踪运算模拟出真实反射环境来制作金属。

（1）通过材质编辑器编辑材质，执行【Window（窗口）】→【Rendering Editors（渲染编辑器）】→【Hypershade（材质编辑器）】命令，创建 Blinn 材质节点，将其拖曳给场景中的金属杯托。

（2）在 Blinn 材质属性编辑面板中，设置 Color（颜色）选项为浅灰色，并设置 Ambient Color（环境色）选项的 HSV 参数为（60，1，0.058），为其加入黄色的环境颜色效果，如图 6-16 所示。

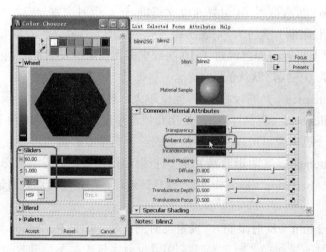

图 6-16 修改环境色

（3）在【Specular shading （高光明暗）】选项栏中，设置【Specular Color（高光颜色）】选项为白色，调整【Specular roll off 高光滚动】参数值为 1，【Reflectivity（反射率）】参数为 1。

（4）打开【Render settings（渲染设置）】窗口，为 Maya Software（Maya 软件）标签下的【Quality（质量）】选项指定【Production Quality（产品质量）】类型，渲染观看效果。

〖任务总结〗

✦ 执行【Window（窗口）】→【Rendering Editors（渲染编辑器）】→【Hypershade（材质编辑器）】命令，用于创建材质节点。

✦ 了解属性面板的【Specular Shading（高光明暗）】、【Specular Color（高光颜色）】选项栏，调整【Cosine Power（余弦幂）】。

✦ 调整【Checker Attributes】纹理颜色和【2D Texture Placement Attributes】的【Repeat UV】重复度。

✦ 了解属性面板的【Common Material Attributes（常用材质属性）】选项栏，调整【Transparecy（透明度）】。

✦ 了解属性面板的【Raytrace Options（光线追踪选项）】选项栏，调整【Refractive Index（折射率）】。

✦ 了解【Render Setting（渲染设置）】窗口中【Maya Software（Maya 软件）】标签下的【Raytracing Quality（光线追踪质量）】选项栏中的【Raytracing（光线追踪）】选项和【Quality（质量）】选项的【Production quality（产品质量）】类型。

✦ 了解属性面板设置【Ambient color（环境色）】选项的 HSV 参数。

〖评估〗

任务一　评估表

任务一评估细则		自　　评	教 师 评
1	材质类型关系		
2	使用【Hypershade（材质编辑器）】命令创建材质节点		
3	简单了解属性编辑面板		
4	透明玻璃材质的创建与编辑		
5	金属材质的创建与编辑		
任务综合评估			

任务二 制作地球仪的材质

〖任务分析〗

1. 制作分析

✦ 深入了解材质类型关系。

✦ 使用【Hypershade（材质编辑器）】命令创建材质节点。

✦ 使用属性编辑面板编辑材质属性。

✦ 对场景进行渲染。

2. 工具分析

✦ 执行【Window（窗口）】→【Rendering Editors（渲染编辑器）】→【Hypershade（材质编辑器）】命令创建材质节点。

✦ 在快捷菜单中使用【Assign Material Selection（将材质赋予选择的物体）】命令。

✦ 在【Common Material Attributes（常用材质属性）】选项栏中的【Color（颜色）】纹理通道内指定【File（文件）】属性贴图。

✦ 查看节点网络。

✦【Common Material Attributes（常用材质属性）】选项栏中【Bump Mapping（凹凸贴图）】通道连接凹凸纹理。

3. 通过本任务的制作，要求掌握如下内容：

✦ 打开【Window（窗口）】→【Rendering Editors（渲染编辑器）】→【Hypershade（材质编辑器）】窗口创建材质节点。

✦ 快捷菜单中使用【Assign Material Selection（将材质赋予选择的物体）】命令

✦【Common Material Attributes（常用材质属性）】选项栏中的【Color（颜色）】纹理通道内指定【File（文件）】属性贴图。

✦ 查看节点网络。

✦【Common Material Attributes（常用材质属性）】选项栏中【Bump Mapping（凹凸贴图）】通道连接凹凸纹理，连接【Specular Roll Off（高光强度）】、【Specular Color（高光颜色）】纹理。

✦ 修改 Bump Depth（凹凸深度）属性。

✦ 创建 File（文件）节点。

✦ 鼠标中键连接材质球。

✦ 创建层纹理。

✦ 合并通道。

✦ 调整【Color Balance（色彩平衡）】→【Color Offset（色彩增益）】。

✦ 关联编辑器，将贴图中的【OutAlpha（输出透明）】连接到层纹理的 inputs[5].colorR、inputs[5].colorG、inputs[5].colorB 通道中。

〖任务实施〗

（1）打开文件，执行【File（文件）】→【Open（项目）】命令，打开光盘文件 "Project 6/scenes/diqiuyi.mb"

（2）创建材质，执行【Window（窗口）】→【Rendering Editors（渲染编辑器）】→【Hypershade（材质编辑器）】命令，打开材质编辑器窗口，创建 Lambert（兰伯特）材质节点。

（3）赋予材质，右击要赋予材质的球体模型，在快捷菜单中执行【Assign Material Selection（将材质赋予选择的物体）】命令赋予模型材质。

（4）属性贴图，在【Common material attributes（常用材质属性）】选项栏中的【Color（颜色）】纹理通道内指定【File（文件）】节点，单击【File Attributes】文件属性面板中的路径按钮，如图 6-17 所示。

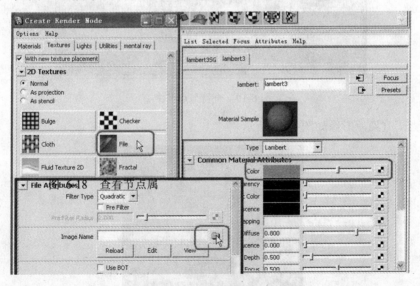

图 6-17　属性贴图

（5）指定贴图，在弹出的贴图来源文件夹中选择 Map 图片，如图 6-18 所示。

（6）查看节点网络，选择赋予球体模型的材质球，在材质编辑器窗口中单击 （输入/输出节点）按钮，工作区中会显示出材质球的节点连接情况，如图 6-19 所示。

（7）摄影机视图，在视图菜单中选择【Panels（视图面板）】→【Perspective（透视摄像机）】→【Camera1（摄影机 1）】命令，切换至摄影机 1 视图。

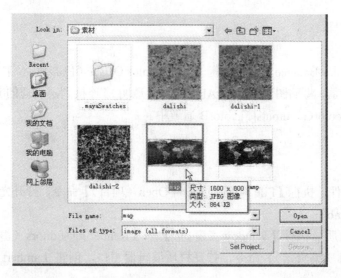

图 6-18　指定贴图

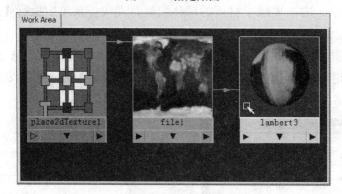

图 6-19　查看节点网络

（8）测试渲染，影像如图 6-20 所示。

图 6-20　测试渲染

（9）连接凹凸纹理，在材质球属性栏中，单击【Common Material Attributes（常用材质属性）】选项栏中【Bump Mapping（凹凸贴图）】通道的连接按钮，在窗口中选择【File（文件）】纹理。

（10）指定贴图，文件纹理会自动连接凹凸节点并打开凹凸节点的属性面板，单击■按钮选择需要的 Map-bump 图片，如图 6-21 所示。

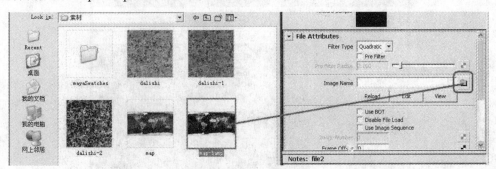

图 6-21　凹凸贴图

（11）修改凹凸节点，打开凹凸属性面板，修改【Bump Depth（凹凸深度）】属性，将其属性设置为 0.1 左右，如图 6-22 所示。

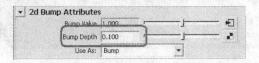

图 6-22　修改凹凸节点

（12）渲染效果，如图 6-23 所示。

图 6-23　渲染效果

〖**任务拓展**〗　**制作腐蚀的金属底座**

制作地球仪的球面部分是一套纹理，在底座的部分将使用两套纹理。两套纹理的叠加需要使用层纹理。

（1）制作第一套纹理，执行【Window（窗口）】→【Rendering Editors（渲染编辑器）】→【Hypershade（材质编辑器）】命令，打开材质编辑器窗口，创建 3 个【File（文件）】节点，如图 6-24 所示。

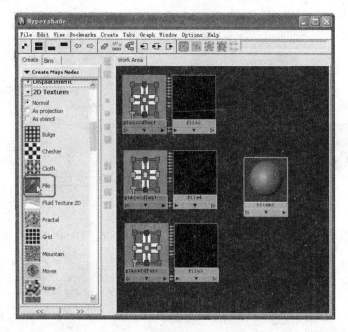

图 6-24　创建 3 个文件节点

（2）连接文件节点，分别将文件 tetu-Alpha、tetu-light、tetu-bump 的套图进行节点连接。

（3）连接材质球，按住鼠标中键将指定好的文件节点连接到材质球相对应的通道中，其中包括【Color（颜色）】、【Bump Mapping（凹凸）】、【Specular Roll Off（高光强度）】、【Specular Color（高光颜色）】属性通道，连接次序如图 6-25 所示。

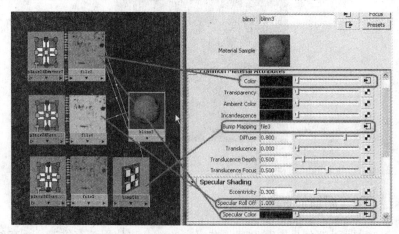

图 6-25　连接材质球

并渲染连接效果，如图 6-26 所示。

图 6-26　渲染连接效果

（4）将连接好的节点打断。

（5）制作第二套纹理，再次创建 3 个文件节点，分别将素材文件中的 tietu-1、tietu-2、tietu-3 的套图进行节点连接。

（6）连接材质球，按住鼠标中键将指定好的文件节点连接到材质球相对应的通道中，其中包括【Color（颜色）】、【Bump Mapping（凹凸）】、【Specular Roll Off（高光强度）】、【Specular Color（高光颜色）】属性通道，连接次序如图 6-27 所示。并渲染连接效果。

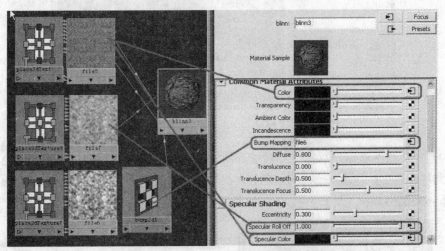

图 6-27　连接第二套材质球

（7）设置图案重复次数，分别打开 3 个文件节点的二维纹理坐标系，将其【Repeat UV（重复次数）】改为 3 和 2。渲染效果如图 6-28 所示。

（8）合并纹理，材质球只能连接一套纹理，所以需要使用层纹理来进行合并。

（9）创建层纹理，创建 3 个等待节点连接的层纹理，如图 6-29 所示。

图 6-28　渲染第二套

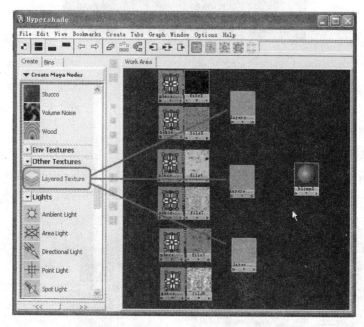

图 6-29　创建层纹理

（10）合并颜色通道，双击打开层纹理属性编辑器，使用鼠标中键将两张颜色通道贴图拖曳到层纹理中，注意 tetu-Alpha 在前，次序一定要对，并将材质球连接到【Color（颜色）】、【Specular Color（高光颜色）】属性通道，如图 6-30 所示。

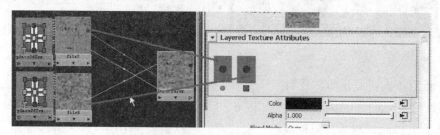

图 6-30　层纹理次序

（11）调整图像亮度，调整【Color Balance（色彩平衡）】→【Color Offset（色彩增益）】

使图像更加真实。

（12）合并高光、反射通道，先将 tetu-light 与层纹理连接上，再连接 tietu-2 并单击鼠标中键，在弹出的快捷菜单中选择【Other（其他）】命令。

（13）关联编辑器，在关联编辑器窗口中，将贴图中的【OutAlpha（输出透明）】连接到层纹理的 inputs[5].colorR、inputs[5].colorG、inputs[5].colorB 通道中，这样就可以给层纹理输出灰度色彩信息，连接好层纹理，如图 6-31 所示。

（14）连接材质球，将新连接好的层纹理连接到【Specular Roll Off（高光强度）】、【Reflectivity（反射率）】属性通道，使有锈迹的位置没有高光反射，没有锈迹的地方仍然保留金属高光。

（15）合并凹凸通道，将凹凸纹理拖曳到层纹理，并将凹凸强度调整为"0.1"，查看最终效果，如图 6-32 所示。

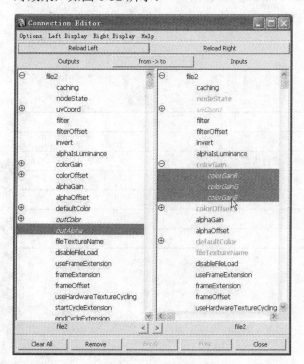

图 6-31　关联编辑器

图 6-32　渲染最终效果

〖任务总结〗

✦ 打开【Window（窗口）】→【Rendering Editors（渲染编辑器）】→【Hypershade（材质编辑器）】窗口，创建材质节点。

✦ 在快捷菜单中使用【Assign Material Selection（将材质赋予选择的物体）】命令。

✦ 在【Common material attributes（常用材质属性）】选项栏中的【Color（颜色）】纹理通道内指定【File（文件）】属性贴图。

✦ 查看节点网络。

✦ 在【Common Material Attributes（常用材质属性）】选项栏中的【Bump Mapping（凹凸贴图）】通道连接凹凸纹理，连接【Specular Roll Off（高光强度）】、【Specular Color（高光颜色）】纹理。

✦ 修改 Bump Depth（凹凸深度）属性。

✦ 理解并能创建 File（文件）节点。

✦ 使用鼠标中键连接材质球。

✦ 理解并能创建层纹理。

✦ 理解并能合并通道。

✦ 调整【Color Balance（色彩平衡）】→【Color Offset（色彩增益）】。

✦ 关联编辑器，将贴图中的【OutAlpha（输出透明）】连接到层纹理的 inputs[5].colorR、inputs[5].colorG、inputs[5].colorB 通道中。

〖 评估 〗

任务二　评估表

	任务二评估细则	自　　评	教　师　评
1	材质类型关系		
2	使用【Hypershade（材质编辑器）】命令创建材质节点		
3	创建【File（文件）】节点，连接材质球		
4	理解并能创建层纹理		
5	理解并能合并通道		
任务综合评估			

第 7 章　基础动画

使用 Maya 为各种应用创建 3D 计算机动画，可以为计算机游戏设置角色、制作游戏效果展示，制作片头或广告的动画，或为电影和电视剧制作特殊效果的动画，还可以创建用于严肃场合的动画，如安全教育、医疗手册等。无论制作什么样的动画，Maya 都是一个功能强大的软件，可以帮助用户很好地实现各种效果。

Maya 的动画主要有以下几种类型：

1．关键帧动画

关键帧动画是在不同的时间里将有特征的动作以设置关键帧的方式保存下来，每一个关键帧就包括在一个指定的时间点上对某一个属性中的一系列参数值进行设定。然后 Maya 再来插入从一个关键帧到另一个关键帧的中间值。

2．路径动画

路径动画是指将物体置于路径曲线上，用路径的点决定物体在某个时刻所处的位置。

3．表达式动画

表达式动画可以使用数学公式、条件声明和 MEL 命令，动画的每一帧都会涉及表达式的计算。

4．动画捕捉

对于需要产生大量复杂的动画，如人的表情、动作等，可以通过硬件的支撑使用动态捕捉动画技术来完成，可以节省大量的人力物力，实现高仿真效果。

5．非线性动画

Maya 强大的动画功能还在于它提供了非线性层叠和混合角色动画序列的方法。在非线性编辑里，可以把几段动画通过非线性排列，使用层的关系混合起来，从而独立于时间之外。

通过本章的学习，你将学到以下内容：

✦ 了解动画制作的原理
✦ 能够制作基本动画
✦ 能够使用动画曲线调整动画
✦ 能够制作驱动关键帧动画

任务一　制作小球弹地运动

效果如图 7-1 所示。

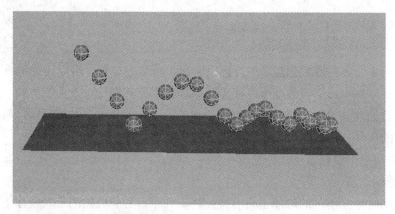

图 7-1　小球弹地运动

〚**任务分析**〛

1. **制作分析**

✦ 使用【Set Key（设置关键帧）】命令完成对象各个参数的关键帧设置。

✦ 使用【Graph Editor（图表编辑器）】命令完成运动轨迹的调整。

2. **工具分析**

✦ 使用【Create（创建）】→【nurbs Sphere（NURBS 球体）】命令，创建 NURBS 球体，通过移动工具调整其位置。

✦ 使用【Animate（动画）】→【Set Key（设置关键帧）】或【S】键在该位置产生关键帧。

✦ 使用【Window（窗口）】→【Animation Editor（动画编辑器）】→【Graph Editor（图表编辑器）】命令，设置对象运动曲线。

3. **通过本任务的制作，要求掌握如下内容**

✦ 使用【Set Key（设置关键帧）】或【S】键在该位置产生关键帧。

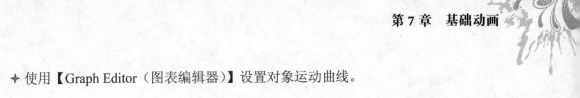

✦ 使用【Graph Editor（图表编辑器）】设置对象运动曲线。

〖任务实施〗

（1）新建项目。执行【File（文件）】→【Project（项目）】→【New（新建）】命令，打开"New Project"属性窗口，在窗口中指定项目名称和位置，单击"Use Defaults"按钮使用默认的数据目录名称，单击"Accept"按钮完成项目目录的创建，如图 7-2 所示。

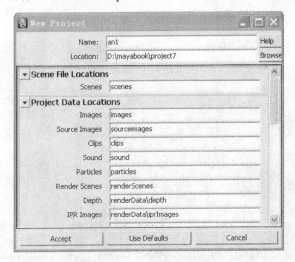

图 7-2　创建项目目录

（2）在场景中创建【nurbs Sphere（NURBS 球体）】对象和【nurbs Plane（NURBS 曲面）】对象，调整球体的半径为 3，调整 Y 轴的参考值为 30，如图 7-3 所示。

图 7-3　创建动画场景

（3）将时间轴长度和时间显示范围调整为 60 帧，在第一帧上选定球体对象，执行【Animate（动画）】→【Set Key（设置关键帧）】命令或按下【S】键在该时间位置设定关键帧，单击范围滑块右侧的 ⊷ 按钮，使 Maya 自动记录关键帧，如图 7-4 所示。

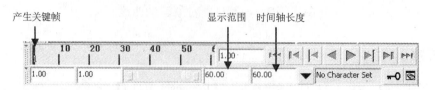

图 7-4　时间轴设置

注意：在单击时间轴上的 ⊷O 按钮启动自动记录关键帧之前，必须为对象手动添加一个关键帧，这样系统才会自动记录。

（4）将时间指针移动到第 10 帧位置，调整 X 轴坐标为 20，Y 轴坐标为 3，这样将在第 10 帧位置自动产生关键帧，拨动时间指针可以观察球体的运动情况，如图 7-5 所示。

图 7-5　调整球体位置

（5）将时间指针移动到第 20 帧位置，调整 X 轴坐标为 40，Y 轴坐标为 20，这样将在第 20 帧位置自动产生关键帧，拨动时间指针可以观察球体的运动情况。

（6）重复执行前两步的操作，将 Y 轴高度逐渐减少，X 轴推进，直至完成。

（7）单击时间轴左侧的 ▷ 按钮，预览动画效果。观察后发现球体并没有实现现实中真实的运动规律。

注意：执行【Animate（动画）】→【Set Key（设置关键帧）】命令或按下【S】键在该时间位置设定关键帧会将对象所有的参数都设定为关键帧，如果要对某个参数进行单独的设置，需要在参数窗口选择要设置的参数，单击鼠标右键，在弹出的菜单中选择【Key Select（设置所选产生关键帧）】命令，如图 7-6 所示。

（8）执行【Window（窗口）】→【Animation Editor（动画编辑器）】→【Graph Editor（图表编辑器）】命令，打开图表编辑窗口。保持球体的选中状态，在窗口右侧的曲线面板中显示出球体运动曲线，如图 7-7 所示。

（9）在图表编辑器左侧的节点及动画属性列表中单击 Translate Y 属性，在右侧的动画曲线显示窗口中将只显示球体在 Y 轴的位移动画曲线，如图 7-8 所示。

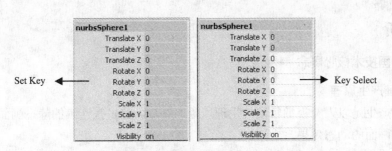

图 7-6　关键帧的选择方式

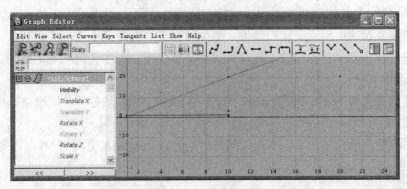

图 7-7　图表编辑器

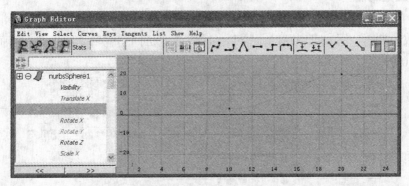

图 7-8　显示 Y 轴动画曲线

（10）在动画曲线窗口中选择曲线上与地面相连接位置的顶点，并单击图标工具栏中的 ∧ 按钮，使曲线在该顶点产生加速与减速运动变化，如图 7-9 所示。

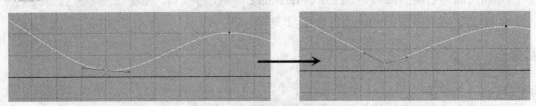

图 7-9　改变节点形态

（11）单击时间轴左侧的 ▶ 按钮，预览动画效果。观察后发现球体实现了现实中真实的运动规律。

〖 **新知解析** 〗

一、动画技术核心概念

1．动画产生原理

动画的产生是以人类视觉暂留的生理现象为基础，将多张连续的静态画面快速播放而使人感受到画面的动态效果。

2．帧

【Frame（帧）】是指动画中最小单位的单幅静态画面，相当于电影胶片上的每一格镜头。任何动画要表现运动或变化的效果，至少前后要给出两个不同的关键状态，由计算机自动完成中间状态的变化和衔接。在计算机动画软件中，表示关键状态的帧叫关键帧。

3．帧速率

帧速率的英文为 Frame Per Second，缩写为 FPS，单位是帧/秒。帧速率是指每秒钟刷新图片的帧。

常见的帧速率为电影的 24FPS、大陆地区的 PAL 25FPS 及美国的 NTSC 30FPS。

二、动画制作基础

1．动画控制器

Maya 的动画控制器提供了快速访问时间和关键帧设置的工具，包括时间滑块、范围滑块和播放控制器，用户可以从动画控制区域快速地访问和编辑动画参数。动画的控制工具如图 7-10 所示。

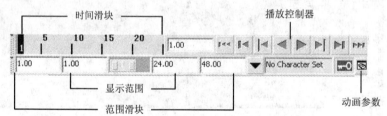

图 7-10　动画控制工具

2．动画参数预设

单击时间轴右侧的 按钮，打开【Preference（参数）】窗口，在窗口左侧的【Categories（目录）】选项栏中单击【Settings（设置）】选项，在右边展开设置参数面板，如图 7-11 所示。

参数说明：

✦ 在【Settings（设置）】参数面板中单击【Time（时间）】选项右侧的下拉按钮，可以在弹出的菜单中选择要设置所需的帧速率类型。

3．时间线面板设置

在【Preference（参数）】窗口左侧单击【Timeline（时间线）】选项，则右侧会展开时间轴面板，包括【Timeline（时间线）】和【Playback（回放）】两部分，如图 7-12 所示。

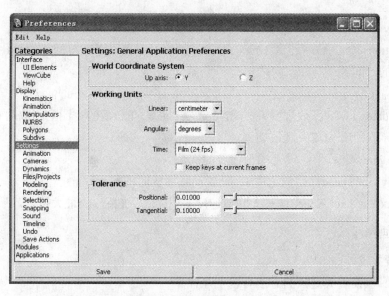

图 7-11　参数设置面板

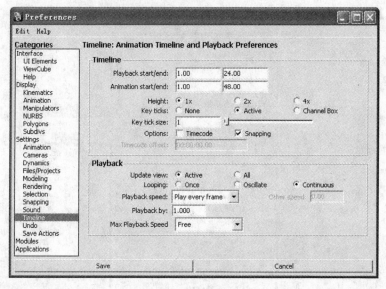

图 7-12　时间轴面板

参数说明：

✦ Timeline

- Playback start/end（回放开始/结束）：定义回放的范围，其值应小于动画的长度。
- Animation start/end（动画开始/结束）：定义动画的长度，如果小于回放的长度，会自动延长至回放长度，二者相互影响。
- Height（高度）：指定时间轴的高度。
- Key ticks（关键帧标志）：共有 3 种方式，None 表示不显示，Active 表示只显示激活的关键帧，Channel Box 表示只在时间线当前选中属性对应的关键帧。

- Key tick size（关键帧标记尺寸）：调整关键帧标记的显示尺寸。
- Options（选项）：开启 Timecode（时间码）选项可以在时间线上显示时间滑块所在的时间。

✦ Playback
- Update view（回放视图）：Active 选项表示只在激活的视图中回放动画，All 选项表示在所有视图中回放动画。
- Looping（循环）：设置动画播放的次数。
- Playback speed（回放速度）：设置动画播放时的帧速率。
- Max Playback Speed（最大回放速度）：指定系统播放的最大速度。

三、动画操作

1．设置关键帧

为一个属性设置关键帧的方法有以下几种。

（1）使用【Animate（动画）】菜单进行设置。选择菜单栏中的【Animate】模块，打开【Animate】菜单，如图 7-13 所示。

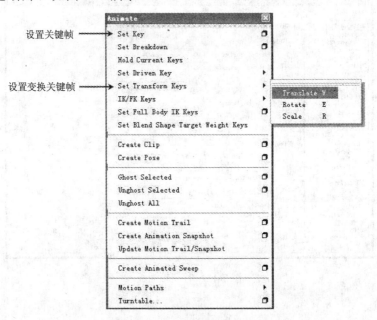

图 7-13 【Animate】菜单

【Animate】菜单用于设置和控制关键帧，具体的命令如下：

①【Set Key（设置关键帧）】命令：首先选择要设置关键帧的对象，再选择菜单栏中的【Animate】→【Set Key】命令，或者按键盘上的【S】键，Maya 会根据【Set Key】的选项设置创建关键帧。默认情况下为选中对象的所有可以设定的属性设置关键帧。

②【Set Transform Keys（设置变换关键帧）】命令：为选择对象的某些属性设置关键帧。

【Translate】：为移动属性设置关键帧。快捷键为【Shift+W】。

【Rotate】：为旋转属性设置关键帧。快捷键为【Shift+E】。

【Scale】：为缩放属性设置关键帧。快捷键为【Shift+R】。

（2）利用 ⊶ 按钮自动设置关键帧。当用户改变对象属性时，会自动为更改过的属性设置关键帧。

（3）使用属性编辑器和通道栏中的菜单命令来为显示的属性设置关键帧。

① 在通道栏中设置关键帧：在通道栏中选中需要修改的动画属性，然后在属性名称上单击鼠标右键，在弹出的菜单中选择【Key Selected】命令，就可以为选中的属性设置关键帧，如图 7-14 所示。

图 7-14　为选中对象属性设置关键帧

② 在【Attribute Editor（属性编辑器）】窗口中设置关键帧：可以为对象更多的属性设置关键帧。

（4）使用【Graph Editor（曲线编辑器）】可以为现有的动画设置和编辑关键帧。

（5）使用【Dope Sheet（信息清单）】：可以为现有的动画设置和编辑关键帧。

〖**任务拓展**〗　制作旋转地球效果

效果如图 7-15 所示。

图 7-15　旋转地球效果

操作步骤：

（1）打开 Maya，打开光盘文件"Project7\earth\scenes\diqiuyi-over.mb"，设置显示区域结束为 160 帧，动画长度为 160 帧，如图 7-16 所示。

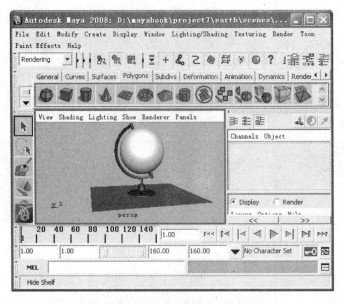

图 7-16　设置动画长度

（2）单击时间轴上的第一帧，选中地球仪球体，在通道栏中选中 Rotate Y 属性，单击"Channels"按钮，在弹出的菜单中选择【Key Selected】命令，设置对象的 Rotate Y 属性在第一帧为关键帧，如图 7-17 所示。

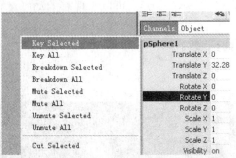

图 7-17　设置关键帧

（3）单击时间轴上右侧的 ⊶○ 按钮，打开关键帧自动记录开关，选择第 160 帧，设置 Rotate Y 参数值为 360，使球体旋转一周，渲染效果如图 7-15 所示。

〖任务总结〗

（1）动画控制器提供了快速访问时间和关键帧设置的工具，包括时间滑块、范围滑块和播放控制器，用户可以从动画控制区域快速地访问和编辑动画参数。

（2）使用【Create（创建）】→【nurbs Sphere（NURBS 球体）】命令，创建 NURBS 球体，通过移动工具调整其位置。

（3）使用【Animate（动画）】→【Set Key（设置关键帧）】或【S】键在该位置产生关键帧。

（4）可以使用多种方法进行关键帧的设定，用户可以根据在制作动画的不同时期和不同的属性要求进行设置。

（5）使用【Window（窗口）】→【Animation Editor（动画编辑器）】→【Graph Editor（图表编辑器）】命令，设置对象运动曲线。

〖评估〗

任务一　评估表

任务一评估细则		自　评	教　师　评
1	动画技术核心概念的理解		
2	动画控制器的使用		
3	常规动画的制作		
4	关键帧的设置		
5	Graph Editor（曲线编辑器）的初步使用		
6	案例制作效果		
任务综合评估			

任务二　利用驱动关键帧制作小球撞门动画

效果如图 7-18 所示。

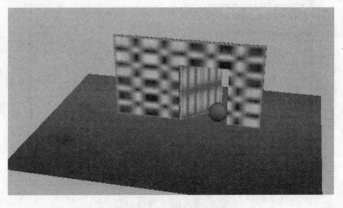

图 7-18　小球撞门动画

〖任务分析〗

1. 制作分析

Maya 有一种特殊的关键帧称为被驱动关键帧，它有一个属性值与另一个属性值链接在一起。对于被驱动关键帧，Maya 根据【Driving Attribute（驱动属性）】值为 "Driven（被驱动）" 的属性值设置关键帧。当驱动属性值发生变化时，被驱动属性值也会相应发生变化。本例中，使用驱动关键帧来实现小球（驱动关键帧）滚动到门前，将门（被驱动关键帧）撞开的简单动画效果。

2. 工具分析

使用【Animate（动画）】→【Set Driven Key（设置被驱动关键帧）】命令来设置驱动关键帧与被驱动关键帧。【Set Driven Key】设置窗口可以通过以下三种方式打开。

✦ 执行【Animate（动画）】→【Set Driven Key（设置被驱动关键帧）】→【Set…】命令。

✦ 利用 Channel Box。

✦ 利用【Attribute Editor】窗口的右键菜单。

3. 通过本任务的制作，要求掌握如下内容

✦ 理解驱动关键帧与被驱动关键帧的含义。

✦ 掌握驱动关键帧与被驱动关键帧的设置方法。

✦ 掌握【Animate（动画）】→【Set Driven Key（设置被驱动关键帧）】命令的使用。

〖任务实施〗

（1）新建项目。执行【File（文件）】→【Project（项目）】→【New（新建）】命令，打开【New Project】属性窗口，在窗口中指定项目名称和位置，单击 "Use Defaults" 按钮使用默认的数据目录名称，单击 "Accept" 按钮完成项目目录的创建，如图 7-19 所示。

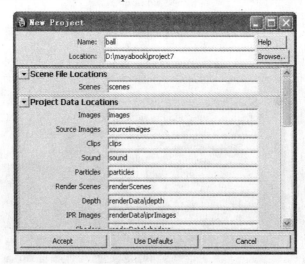

图 7-19　创建项目目录

（2）设置场景。打开光盘文件"Project7\ball\scenes\ball.mb"，命名小球为"ball"，门为"door"，注意将门的中心点放到门的左轴上，保存文件名为"ball-OK.mb"。

（3）设置时间线的长度为 60，设置小球从第 1 帧到第 60 帧在地面上滚动的动画。选定第 1 帧，设定小球的 Translate X、Translate Z 及 Rotate X 为关键帧，在第 60 帧，设定小球的 Translate X、Translate Z 及 Rotate X 值分别是-4、-30 及-1080，让小球穿过门向前滚动，忽略门的变化。

（4）当小球撞在门上时开始设置关键帧，用小球的 Z 轴的位移作为驱动属性，用门的 Y 轴旋转作为被驱动属性。执行【Animate（动画）】→【Set Driven Key（设置被驱动关键帧）】→【Set...】命令，打开【Set Driven Key】属性窗口，如图 7-20 所示。

图 7-20 【Set Driven Key】属性窗口

（5）在工作区中选择小球"ball"，在【Set Driven Key】窗口中单击 Load Driver 按钮，小球"Ball"和它的属性会显示在窗口的【Driver】列表框中，如图 7-21 所示。

（6）在工作区中选择门"door"，在【Set Driven Key】窗口中单击 Load Driven 按钮，门"door"和它的属性会显示在窗口的【Driven】列表框中，如图 7-22 所示。

图 7-21 "ball"为 Driver   图 7-22 "door"成为 Driven

（7）在【Set Driven Key】窗口中选择小球"ball"的【translate Z】属性和门"door"的【rotate Y】属性，如图 7-23 所示。

图 7-23　设置关联属性

（8）在时间线上使用时间滑块将动画移至撞门的一瞬间，即小球接触门但还没有进入门的帧，如图 7-24 所示。

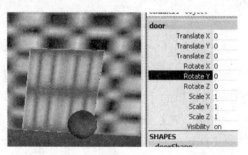

图 7-24　小球接触门瞬间 Rotate Y 为 0

（9）在【Set Driven Key】窗口中，单击 Key 按钮，设置被驱动关键帧。

（10）将动画移动到小球进入门后，门被撞开到最大角度的帧。

（11）在工作区中设置门沿 Y 轴旋转 70 度，如图 7-25 所示。

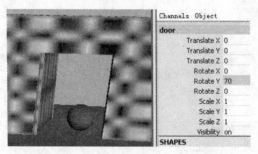

图 7-25　小球撞开门后 Rotate Y 为 70

（12）在【Set Driven Key】窗口中单击 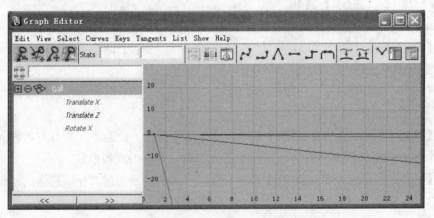Key 按钮，设置关键帧。

（13）播放动画，观察效果。

〖 **新知解析** 〗

用户设置好关键帧后，可以使用【Graph Editor】窗口编辑关键帧，操纵动画曲线。【Graph Editor】窗口是 Maya 用户编辑关键帧动画的主要工具。动画曲线用来控制动画状态，而每个关键帧的切线决定了动画曲线的形态和中间帧的属性值。

执行【Window】→【Animation Editors】→【Graph Editor】命令，打开【Graph Editor】窗口，如图 7-26 所示。

图 7-26　【Graph Editor】窗口

用户可以将【Graph Editor】窗口大致分为以下四个功能区。

（1）菜单栏：功能菜单区。

（2）工具栏：快捷功能区。

（3）大纲区：列表区。

（4）图表区：主要的曲线编辑区。

1．菜单栏

（1）【Edit（编辑）】菜单

【Edit】菜单中的许多命令与 Maya 主界面的【Edit】菜单的功能与操作方法相似，所以只选择有区别的进行说明。

①【Scale（缩放）】命令：可把某一范围内的关键帧扩展成一定的时间范围内。

②【Transformation Tools（选择变化工具）】包含【Move Keys Tool】、【Scale Keys Tool】【Lattice Deform Keys Tools】三个子命令。

✧【Move Keys Tool（移动关键帧工具）】命令：选择并编辑图表区的关键帧。

✧【Scale Keys Tool（缩放关键帧工具）】命令：使用缩放关键帧工具可以缩放动画曲线范围和关键帧的位置。

✦【Lattice Deform Keys Tools（关键帧晶格变形工具）】命令：利用晶格变形方式设置关键帧。

③【Snap（吸附）】命令：迫使选中的关键帧吸附到最近的整数时间单位值和属性值。

④【Select Unsnapped（选择未吸附项）】命令：选择不处于整数时间单位的关键帧。

（2）【View（视图）】菜单

【View】菜单控制【Graph Editor】窗口图表区中可编辑的内容。主要菜单命令如下：

①【Show Results】：显示路径动画或表达式动画等类型组成的动画结果曲线。

②【Show Buffer Curve】：显示缓存曲线，图表区将显示被编辑曲线的原始形状。

③【Infinity】：显示关键帧范围以外的曲线，通常用于显示关键帧的循环曲线。

（3）【Curves（曲线）】菜单

【Curves】菜单中的各种功能用于处理整个动画曲线，主要的菜单命令如下：

①【Pre Infinity（前无限）】和【Post Infinity（后无限）】命令：决定着关键帧范围以外的曲线类型的方式，默认的值是平直的。

②【Curve Smoothness（曲线平滑度）】命令：用于在图表区显示曲线的平滑度，对动画曲线的行为没有影响。

③【Bake Channel（仿真通道）】命令：对于某个属性，此命令在所有有效输入节点中选择一个节点，并根据此节点为该属性重新计算出一个新的动画曲线。

④【Mute Channel（终止通道）】命令：终止所有的动画通道，使该通道的动画曲线失效。

⑤【Simplify Curve（简化曲线）】命令：去除对动画曲线的形状无效的关键帧。

⑥【Weight Tangent（权重曲线）】命令：被选择的曲线成为有权重切线类型的曲线。

（4）【Keys（关键帧）】菜单

通过选择相关命令可以编辑关键帧切线的权重，以及添加或去除中间帧等。常用的菜单命令如下：

①【Break Tangents】：断开切线手柄。

②【Unify Tangents】：统一切线手柄。

③【Lock Tangents Weight】：锁定切线权重。

④【Free Tangents Weight】：释放切线权重。

（5）【Tangents（切线）】菜单命令

此菜单用于设置选中关键帧左右曲线段的形状。曲线编辑器中的切线方式共有以下几种：

①【Spline（样条曲线）】：被选中的动画曲线的切线具有相同的角度。

②【Linear（线性）】：选择的动画曲线上连接两个关键帧的线为直线。

③【Clamped（夹具）】：使动画曲线既有样条曲线的特征，又有直线的特征。

④【Stepped（步进）】：创建台阶状的动画曲线，使切线是一条平直的曲线。

⑤【Flat（平直）】：使用这种类型的切线，可以使关键帧两侧的切线为水平的，即向

量的坡度为零。

⑥【Fixed（混合）】：使用这种类型的曲线，当编辑关键帧时，关键帧的切线保持不变。

2. 工具栏

使用工具栏可以让用户的操作变得更加快捷，如图 7-27 所示。

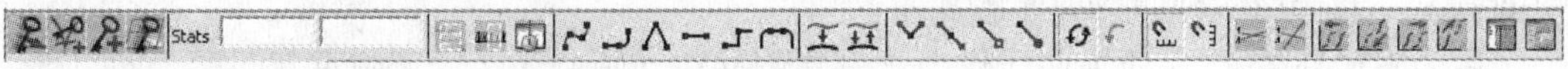

图 7-27　工具栏

各工具说明如下：

移动最近选取关键帧工具 ：使用此工具可以使用户快速地使用鼠标操作单独的关键帧或切线手柄。

插入关键帧工具 ：使用此工具可以在现有的动画曲线上插入新的关键帧，使用中键插入。

添加关键帧 ：可以在图表区的任意位置为动画添加关键帧。

晶格变形关键帧 ：可以为选中的多个关键帧添加晶格变形器。

关键帧状态栏 ：可以在状态栏中输入当前选择的关键帧的时间值和属性值来改变关键帧在图表的位置。

全部关键帧 ：可对图表区进行调整，显示所有的动画曲线。

播放范围匹配 ：可对图表区进行调整，以适合窗口中的播放范围。

当前时间居中 ：图表区中显示以用户编辑的当前时间为中心的动画曲线。

样条切线 ：选择此项，在关键帧之前和之后的关键帧间建立平滑的动画曲线。

夹具切线 ：此项指定一个夹具切线，创建既有样条曲线特征，又有线性特征的动画曲线。

线性切线 ：创建一条直线形的动画曲线连接两个关键帧。

平直切线 ：此项使关键帧的入切线和出切线是水平的。

步进曲线 ：此项使出切线是一条平直曲线，并在下一关键帧时转换数值。

平坦曲线 ：使用该项使关键帧之间出现平坦的过渡。

缓冲曲线快照 ：为当前动画曲线创建快照。

交替缓冲曲线 ：使动画曲线在当前曲线和动画曲线快照之间进行切换。

切断曲线 ：用户可以单独控制入切线手柄和出切线手柄。

统一切线 ：使入切线手柄和出切线手柄不再单独控制。

释放切线权重 ：使切线角度和权重都可以发生改变。

锁定切线权重 ：使用户只能改变切线角度。

自动读取选择对象 ：可以自动读取选择对象的动画曲线。

读取选择对象 ：读取被选择对象的动画曲线。

吸附时间 ：可以使移动的关键帧随时吸附最近的整数时间位置。

吸附属性 ：可以使移动的关键帧随时吸附最近的整数属性位置。

规格化曲线 ▭：用于将动画曲线规格化到 0～1 的范围。

还原规格化曲线 ▨：该项可以还原规格化的动画曲线。

前无限循环 ▨：使动画曲线作为一份复制并在动画之前无限重复。

前无限循环偏移 ▨：该项将循环曲线最后一个关键帧的值添加到原曲线中第一个关键帧的值上，并在该动画曲线前无限重复。

后无限循环 ▨：使动画曲线作为一份复制并在动画曲线之后无限重复。

后无限循环偏移 ▨：该项将循环曲线最后一个关键帧的值添加到原曲线中第一个关键帧的值上，并在该动画曲线后无限重复。

打开动画信息编辑器 ▨：可以打开动画信息编辑器。

打开非线性编辑器 ▨：打开非线性编辑器。

3. 视图工作区

用户可以在视图工作区中直观地调整动画曲线，如图 7-28 所示。

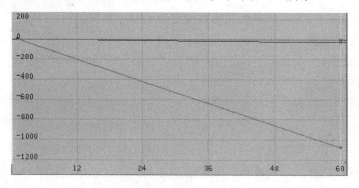

图 7-28　视图工作区

视图工作区显示了动画的时间轴、位置轴、曲线段、关键帧和关键帧切线。在视图工作区中调整动画曲线，那么对象的动画也会随之发生改变。这样用户可以很直观地调整动画曲线来改变对象的动画。

〖**任务扩展**〗　制作小球穿过感应门动画

效果如图 7-29 所示。

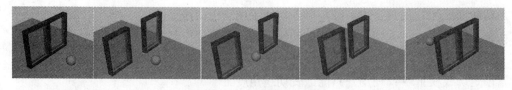

图 7-29　小球穿越感应门

制作步骤如下。

（1）执行【File】→【Open】命令，打开光盘文件"Project7\set driven key\scenes\go through the door.mb"，如图 7-30 所示。

图 7-30　导入场景

（2）设置动画长度为 200，选中小球，设置第 1 帧的 Translate Z 与 Rotate X 为关键帧属性，将时间滑块移动到 200 帧，打开自动关键帧按钮，设定 Translate Z 与 Rotate X 分别为–20 与–1080，使小球穿越感应门。

（3）将时间滑块移动到小球接触门之前，执行【Animate（动画）】→【Set Driven Key（设置被驱动关键帧）】→【Set…】命令，打开【Set Driven Key】属性窗口。

（4）在工作区中选择小球"ball"，在【Set Driven Key】窗口中单击 Load Driver 按钮，小球"Ball"和它的属性会显示在窗口的【Driver】列表框中。

（5）在属性窗口中，去除【Option】→【Clear on load】的选中标志，在工作区中选择门"Door L"和"Door R"，在【Set Driven Key】窗口中单击 Load Driven 按钮，门"Door L"和"Door R"及它们的属性会显示在窗口的【Driven】列表框中，如图 7-31 所示。

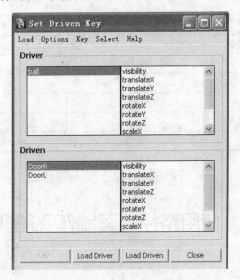

图 7-31　【Set Driven key】窗口

（6）在【Set Driven Key】窗口中选择小球 "ball" 的【Translate Z】属性和门 "Door L" 的【Translate X】属性，单击 [Key] 按钮，再选择门 "Door R" 的【Translate X】属性，单击 [Key] 按钮。

（7）将动画移动到小球接触门时，门向两边开到最大，小球通过后，设置门还原。

〖任务总结〗

（1）被驱动关键帧是 Maya 中的一种特殊关键帧，它将一个属性值与另一个属性值链接在一起。

（2）【Set Driven Key】设置窗口可以通过以下 3 种方式打开。

✦ 执行【Animate（动画）】→【Set Driven Key（设置被驱动关键帧）】→【Set...】命令。

✦ 利用 Channel Box。

✦ 利用【Attribute Editor】窗口的右键菜单。

（3）【Graph Editor】窗口是 Maya 用户编辑关键帧动画的主要工具。动画曲线用来控制动画状态，而每个关键帧的切线决定了动画曲线的形态和中间帧的属性值。

（4）用户可以将【Graph Editor】窗口大致分为以下 4 个功能区。

① 菜单栏：功能菜单区。

② 工具栏：快捷功能区。

③ 大纲区：列表区。

④ 图表区：主要的曲线编辑区。

〖评估〗

任务二　评估表

	任务二评估细则	自　评	教　师　评
1	驱动关键帧的理解		
2	驱动动画的制作		
3	【Graph Editor】窗口的操作		
4	能够使用【Graph Editor】窗口编辑动画曲线		
5	任务的制作效果		
任务综合评估			

任务三　使用路径动画制作飞船飞行动画

效果如图 7-32 所示。

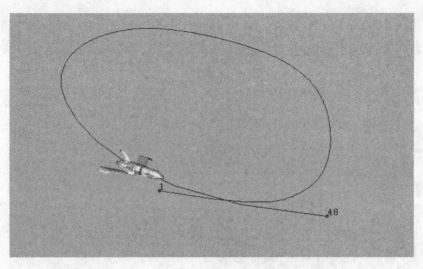

图 7-32　飞船路径运动

〖任务分析〗

路径的约束动画是关于对象位移和旋转属性的一种动画产生方式，在该方式下对象可以按照事先绘制好的曲线进行运动，并在运动的过程中随路径的曲率产生变化。

路径动画的产生需要满足两个基本条件：沿路径进行运动的对象和作为路径的曲线。

1．制作分析
✦ 使用【CV Curve Tool】命令完成路径的制作并进行调整。
✦ 使用【Attach To Motion Path（结合到运动路径）】命令将飞船对齐到路径。
✦ 使用【Front Axis（前方轴向）】命令调整飞船的飞行方向。
✦ 使用【Bank（倾斜）】命令使飞船产生水平倾斜。

2．工具分析
✦ 使用【Create（创建）】→【CV Curve Tool（CV 曲线工具）】命令在视图中绘制 CV 曲线来完成封闭的横截面的创建。
✦ 使用【Animation（动画）】→【Motion Paths（运动路径）】→【Attach to Motion Path（结合到运动路径）】命令使对象对齐到路径的起点。
✦ 使用【Front Axis（前方轴向）】命令调整飞船的飞行方向。

3．通过本任务的制作，要求掌握如下内容
✦ 使用【CV Curve Tool】命令制作路径并进行调整。
✦ 使用【Attach to Motion Path（结合到运动路径）】命令将对象对齐到路径。
✦ 使用【Front Axis（前方轴向）】命令调整对象的飞行方向。

〖任务实施〗

（1）执行【File】→【Open】命令，打开光盘文件"Project7\airship\scenes\airship.mb"。

（2）执行【Create】→【CV Curve Tool】命令，在 top 视图中进行曲线绘制，绘制结束后进入曲线【Control Vertex（控制点）】元素级别进行调整，使之在 Y 轴方向上产生起伏变化，如图 7-33 所示。

图 7-33　创建路径曲线

（3）选择飞船对象并按下【Shift】键加选曲线对象，执行【Animation（动画）】→【Motion Paths（运动路径）】→【Attach to Motion Path（结合到运动路径）】命令，此时飞船将会自动对齐到曲线起点位置，如图 7-34 所示。

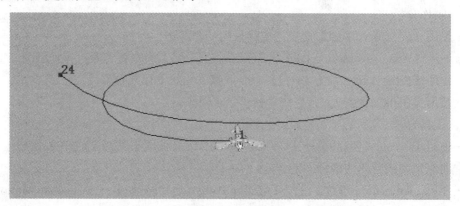

图 7-34　结合到路径

（4）将动画长度调整为 48 帧，将第 24 帧的关键帧移动到 48 帧处。

（5）选择对象并按下【Ctrl+A】组合键打开属性编辑面板，在 MotionPath 节点属性面板中调整【Front Axis（前方轴向）】，选择 Z 轴，使飞船方向朝向路径方向，如图 7-35 所示。

（6）调整【Front Twist（向前扭曲）】参数值为–25，改变飞船在前进方向的水平姿态，使飞船在飞行时产生向内旋转的效果，如图 7-36 所示。

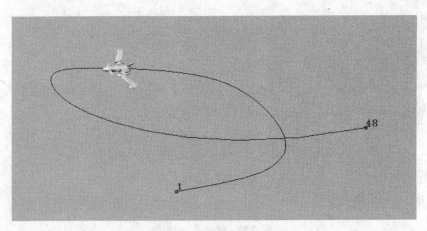

图 7-35　调整飞船方向

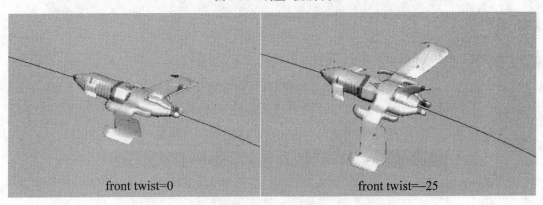

front twist=0　　　　　　　　　front twist=−25

图 7-36　调整水平倾斜

（7）调整【Up Twist（向上扭曲）】参数值为 10，改变飞船的转向角度，调整飞船在转弯时机头与路径方向产生的时间差，如图 7-37 所示。

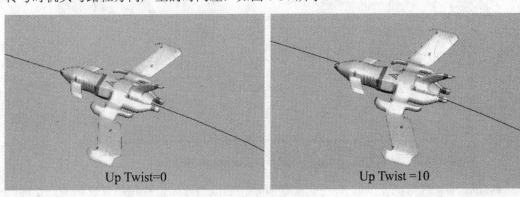

Up Twist=0　　　　　　　　　Up Twist =10

图 7-37　调整头部方向

（8）调整【Size Twist（向边扭曲）】参数值为−10，改变飞船的头部仰角与路径之间的时间差，如图 7-38 所示。

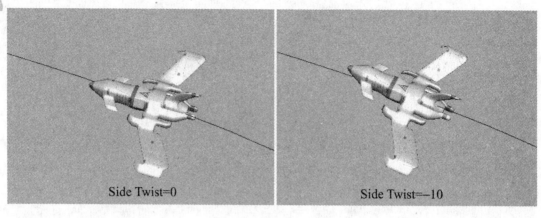

Side Twist=0　　　　　　　　　　　　Side Twist=−10

图 7-38　调整头部仰角

〖新知解析〗

一、Attach to Motion Path（结合到运动路径）

该命令可以使运动对象自动添加到曲线并将对象置于曲线的起点。单击【Animation（动画）】→【Motion Paths（运动路径）】→【Attach to Motion Path（结合到运动路径）】命令后面的 □ 按钮，可以打开 Attach to Motion Path Options 属性窗口，如图 7-39 所示。

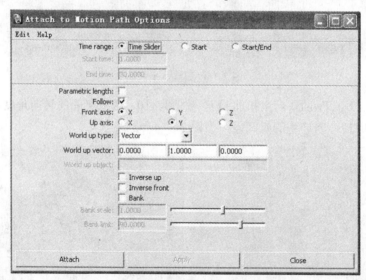

图 7-39　Attach to Motion Path Options 属性窗口

✦ Time range（时间范围）：该项定义了对象在曲线的开始位置和结束位置的开始时间和结束时间。

● Time Slider（时间滑块）：使用时间滑块中最大和最小时间作为路径曲线的开始和结束时间。

● Start（开始位置）：开始处建立一个标志，它指示对象被定位在曲线开头的时间。

- Start/End（起止位置）：指示对象在开始与结束位置被设定的时间。
- ✦ Start time（起始时间）：在此输入曲线的起始位置。当选定 Start 和 Start/End 时有效。
- ✦ End time（结束时间）：在此输入曲线的结束位置。当选定 Start/End 时有效。
- ✦ Parametric length（参数长度）：设置 Maya 沿曲线定位对象的方式。
- ✦ Follow（跟随）：开启此项，Maya 会计算对象沿曲线运动的方向。
- ✦ Front axis（前方轴）：当对象沿曲线运动时，设置对象以哪个轴作为前进方向。
- ✦ Up axis（上方轴）：当对象沿曲线运动时，设置对象的上方方向。
- ✦ World up type（整体项类型）：设置与顶矢量对齐的整体顶矢量的类型。
- ✦ Word up vector（体顶矢量）：设置与场景整体空间对应的整体顶矢量的方向。
- ✦ World up object（整体顶对象）：设置整体顶矢量要与之对齐的对象。
- ✦ Inverse front（翻转前方向）：翻转对象沿曲线的前方向。
- ✦ Bank（倾斜）：使对象在运动时向着曲线的曲率中心倾斜。该项只有在 Follow（跟随）打开时才有效。
- ✦ Bank scale（倾斜缩放）：可以调节倾斜的效果。
- ✦ Bank limit（倾斜限制）：可以限制倾斜的数量，使对象不会过度倾斜。

二、Flow Path Object（路径对象流）

该项命令可以设置对象在运动时，使对象随路径曲线形状的改变而改变，从而创建一种比较真实的效果，单击【Animation（动画）】→【Motion Paths（运动路径）】→【Flow Path Object（路径对象流）】命令后面的 ❏ 按钮，可以打开 Flow Path Object Options 属性窗口，如图 7-40 所示。

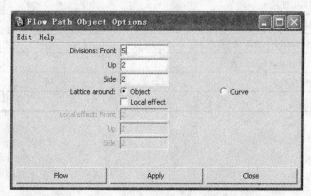

图 7-40　Flow Path Object Options 属性窗口

- ✦ Divisions：Front（细分：前）：该项控制对象在路径前方向上的细分段数。
- ✦ Divisions：Up（细分：上）：该项控制对象在路径上方向上的细分段数。
- ✦ Divisions：Side（细分：边）：该项控制对象在路径边缘上的细分段数。
- ✦ Lattice around（晶格环绕）：控制对象的晶格覆盖对象，对象包含物体与曲线。
- ✦ Local effect（局部效果）：使晶格的创建方式为覆盖曲线，当 Lattice around 为 Curve

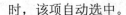

时，该项自动选中。

✦ Local effect：Front（局部效果：前）：该项控制曲线的细分晶格在长度上的细分段数。

✦ Local effect：Up（局部效果：上）：该项控制曲线的细分晶格在宽度上的细分段数。

✦ Local effect：Side（局部效果：边）：该项控制曲线的细分晶格在高度上的细分段数。

〖**任务总结**〗

（1）使用【Create（创建）】→【CV Curve Tool（CV 曲线工具）】命令在视图中绘制 CV 曲线来完成封闭的横截面的创建。

（2）使用【Animation（动画）】→【Motion Paths（运动路径）】→【Attach to Motion Path（结合到运动路径）】命令使对象对齐到路径的起点。

（3）使用【Front Axis（前方轴向）】命令调整飞船的飞行朝向。

（4）使用【Animation（动画）】→【Motion Paths（运动路径）】→【Flow Path Object（路径对象流）】可设置对象在运动时，使对象随路径曲线形状的改变而改变，从而创建一种比较真实的效果。

〖**评估**〗

任务三　评估表

任务三评估细则		自　　评	教　师　评
1	曲线工具的使用		
2	曲线的调整		
3	Attach to Motion　Path 命令的使用		
4	Flow Path Object 命令的使用		
5	任务的制作效果		
任务综合评估			

第8章 骨骼、控制器装配

骨骼系统是骨骼对象的一个有关节的层次链接，可用于设置其他对象或层次的动画。在设置具有连续皮肤网络的角色模型动画方面，骨骼尤为有用。可以采用正向运动学或反向运动学为骨骼设置动画。

骨骼与角色模型之间的关系可以理解为木偶和钢丝的关系。在动画方面，非常重要的一点是要理解骨骼对象的结构。骨骼的几何体与其链接是不同的，每个链接在其底部都有一个轴点，骨骼可以围绕轴点旋转。移动子骨骼时，实际上是在旋转其父级骨骼。

任务一 台灯骨骼的制作

效果如图 8-1 所示。

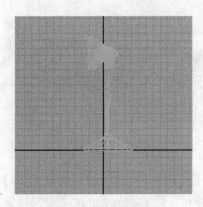

图 8-1 台灯骨骼的制作

〖任务分析〗

1．制作分析

通过对模型的分析，可以发现台灯有三个关节，可以对这些关节进行骨骼装配。

✦ 使用【Joint Tool（关节工具）】命令完成台灯骨骼的制作。

✦ 使用【Outliner（大纲）】命令完成骨骼的配置。

✦ 使用【Degree of Freedom（自由度设置）】命令完成对关节旋转方向和范围的限定。

2．工具分析

✦ 使用【Skeleton（骨骼）】→【Joint Tool（关节工具）】命令，创建骨骼。

✦ 使用【Window（窗口）】→【Outliner（大纲）】建立物体与关节间的层次关系。

✦ 使用【Window（窗口）】→【Attribute Editor（属性编辑器）】命令的【Degree of Freedom（自由度设置）】选项，设置关节的旋转方向与范围。

3．通过本任务的制作，要求掌握如下内容

✦ 能够熟练进行骨骼的制作。

✦ 能够建立物体与关节间的层次关系。

✦ 能够对关节进行关节旋转方向与范围的限定。

〖任务实施〗

（1）打开光盘文件"project8\taideng\taideng.mb"，如图 8-2 所示。将其另存为"taideng-ok.mb"，为下一步的操作作好准备。

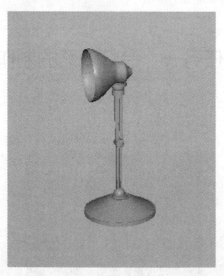

图 8-2　打开台灯文件

（2）执行【Skeleton（骨骼）】→【Joint Tool（关节工具）】命令右侧的 ▢ 按钮，弹出【Tool Settings（工具设置）】窗口，将【Joint settings（骨骼设置项）】面板中的【Orientation

（方向轴）】选项设为"None（无方向）"，不要关闭面板，如图 8-3 所示。

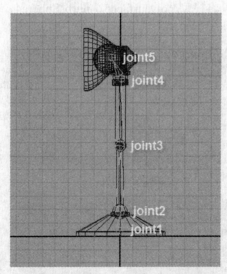

图 8-3 参数面板

（3）在视图中的任意位置单击鼠标左键就可以创建关节，可在底座建立 joint1.

（4）在【Tool Settings（工具设置）】窗口，设置【Joint Settings（骨骼设置项）】的【Orientation（方向轴）】选项为"xyz"。

（5）依次建立 joint2、joint3、joint4、joint5，按【Enter】键完成创建。完成的关节链如图 8-4 所示。

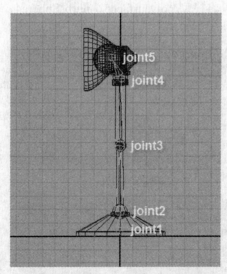

图 8-4 关节链的建立

（6）执行【Window】→【Outliner（大纲）】命令，打开【Outliner】窗口。在此窗口中进行操作，选择相应的物体作为相应节点的子物体。

（7）按【Shift】键选择物体"Base1"和"polysurface9"，然后选择"joint1"，单击键盘上的【P】键，将"Base1"和"polysurface9"作为节点"joint1"的子物体，如图 8-5 所示。

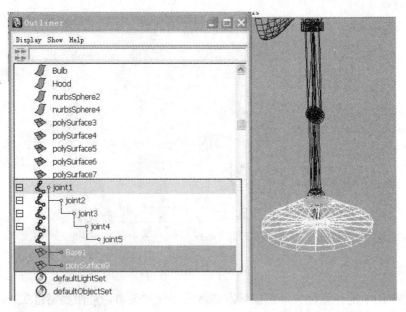

图 8-5　建立物体与节点的父子关系

注意：同时选择几个对象对立父子关系，最后选择的对象为父对象。按【P】键，相当于执行【Edit】→【Parent】命令。

（8）使用相同的方法，将模型 polysurface5、nurbsSphere4，作为 joint2 的子物体，如图 8-6 所示。

图 8-6　建立二级父子关系

（9）将模型 polysurface7、polysurface4、polysurface3，作为骨骼节点 joint3 的子物体。

（10）将模型 Hood、Bull、polysurface6、nurbsSpere2 四个对象作为骨骼节点 joint4 的子物体。至此设置完毕，如图 8-7 所示。

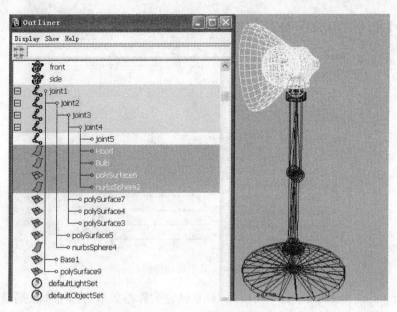

图 8-7　建立父子关系

（11）选择节点 joint3，执行【Window】→【Attribute Editor（属性编辑器）】命令，打开属性编辑器，在【joint】面板中的【Degrees of Freedom（自由度）】选项中，取消对"X"、"Y"的选择，如图 8-8 所示，使关节 joint3 只能在 Z 的方向上旋转。至此，台灯的骨骼装配完成。

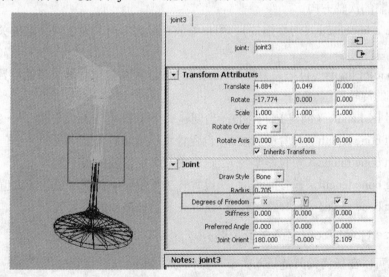

图 8-8　限制旋转自由度

〖 新知解析 〗

一、Joint Tool（关节工具）

该工具用于创建链接骨骼的关节，用户可以单击菜单【Skeleton（骨骼）】→【Joint Tool

（关节工具）】命令右侧的 ◻ 按钮，打开关节工具属性窗口，如图 8-9 所示。

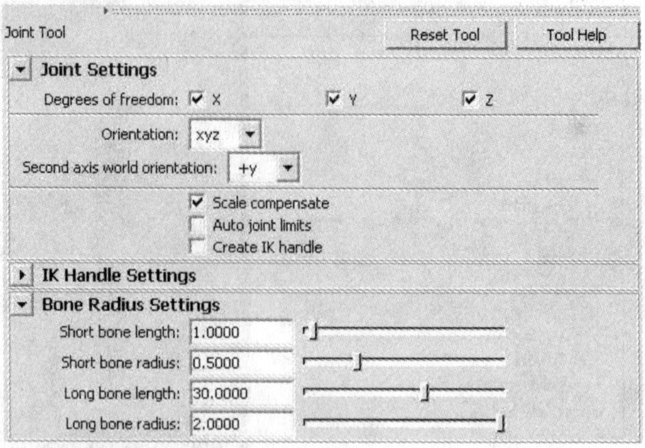

图 8-9　关节工具属性窗口

✦ Degrees of freedom（自由角度）：设置创建的骨骼关节可以绕哪条局部坐标旋转，系统默认可绕 3 个坐标旋转。

✦ Orientation（定位）：设置关节局部坐标的方向。包括 none 和 6 种坐标，none 是指设置关节局部坐标的方向就是世界坐标轴的方向。

✦ Second axis world orientation（次轴世界定位）：在定位骨骼坐标系方向的基础上定位骨骼的次轴方向。

✦ Scale compensate（均衡缩放）：用户缩放高级关节时，设置共下层的关节是否被缩放。

✦ Auto joint limits（自动关节极限）：设置 Maya 根据建立骨骼关节的度数，自动限制关节的旋转范围。

✦ Creat IK handle（创建 IK 手柄）：当创建一个关节时，Maya 创建一个 IK 手柄。

✦ Short bone length（短骨骼长度）：设置骨头长度影响关节半径的最小值。

✦ Short bone radius（短骨骼半径）：设置关节半径缩放的最小值。

✦ Long bone length（长骨骼长度）：设置骨头长度影响关节半径的最大值。

✦ Long bone radius（长骨骼半径）：设置关节半径缩放的最大值。

二、Insert joint Tool（插入关节工具）

该工具可以在任何关节链插入关节。操作方法如下：

（1）执行【skeleton】→【Insert joint Tool】命令。

（2）按住需要插入的父关节处向下拖动便会在父子关节间创建新的关节。

三、Reroot Skeleton（重置根骨骼）

通过改变根关节，从而改变整个骨骼的层级组织。

四、Remove Joint（移除关节）

除了根关节外，可以移除任何关节并使父关节的骨骼延伸到该关节的子关节。注意不能移除已经蒙皮的关节。

五、Disconnect Joint（分离关节）

可以打断根关节之处的任何关节，将骨骼分为两个骨骼。

六、Connect Joint（连接关节）

用户可以使用一个关节的根关节去结合另一个根关节以外的任何关节来连接两个骨骼，也可以从一个骨骼的关节来连接另一个骨骼的根关节来连接两个不同的骨骼的关节。

七、Mirror Joint（镜像关节）

一组或多个连接的关节称为肢体链。镜像是选中对象的平面进行对称复制，如图 8-10 所示。

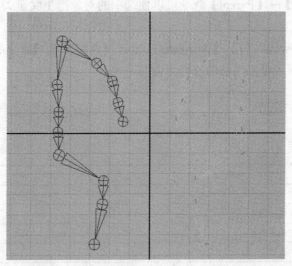

图 8-10　镜像关节

单击菜单【Skeleton】→【Mirror Joint（镜像关节）】命令后面的 ▢ 按钮，打开镜像关节属性窗口，如图 8-11 所示。

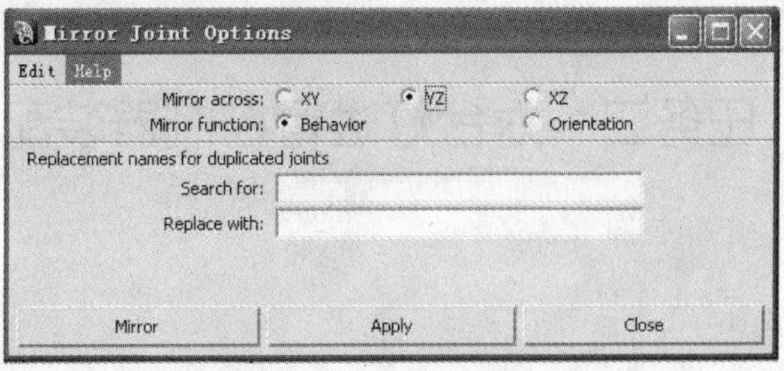

图 8-11　镜像关节属性窗口

✦ Mirror across（镜像平面）：使用该项设置要镜像关节链的平面。

✦ Mirror function（镜像函数）：如果选择 Behavior，则新关节的方向与原关节方向相方，如果选择 Orientation，则新关节的方向与原关节相同。

✦ Search for（检查）：在对话框中输入新生成关节原来的名称，与 Replace with（重置）共同使用以替换新生成关节的名字。

✦ Replace with（重置）：在对话框中输入生成新关节的名称。

〖**任务总结**〗

（1）使用【Skeleton（骨骼）】→【Joint Tool（关节工具）】命令，创建骨骼，一条关节链只能有一个根关节。

（2）使用【Window（窗口）】→【Outliner（大纲）】命令建立物体与关节间的层次关系。注意对象名称的使用。

（3）使用【Edit】→【Parent】命令可以使选中的对象产生父子关系，最后选中的对象为父对象。

（4）使用【Window（窗口）】→【Attribute Editor（属性编辑器）】命令的【Degree of Freedom（自由度设置）】选项，设置关节的旋转方向与范围。

〖**评估**〗

任务一　评估表

	任务一评估细则	自　　评	教　师　评
1	关节的建立		
2	骨骼与对象的绑定		
3	骨骼旋转的限制设定		
4	关键帧的设置		
5	关节常用命令的使用		
6	案例制作效果		
任务综合评估			

任务二　对台灯进行控制器装配

效果如图 8-12 所示。

图 8-12 对台灯进行控制器装配

〖任务分析〗

1. 制作分析

通过骨骼的建立与绑定，已经可以通过骨骼对台灯进行控制，但对于骨骼的控制较为麻烦，可以通过控制器的装配，通过控制器来控制对象的运动，制作出符合实际运动情况的动画。

2. 工具分析

✦ 使用窗口菜单命令【Show（显示）】来设置窗口对象的显示。

✦ 使用菜单命令【Constrain（约束）】→【Point（点约束）】来设置方向上的约束。

✦ 使用菜单命令【Constrain（约束）】→【Orient（方向）】来设置方向上的约束。

✦ 使用菜单命令【Modify（修改）】→【Freeze Transformations（冻结转换）】来进行参数初始化。

3. 通过本任务的制作，要求掌握如下内容

✦ 能够操作视图中完成任意对象的显示与隐藏。

✦ 掌握约束的合作方法与操作步骤。

✦ 掌握控制器的简单装配。

〖任务实施〗

（1）打开 Maya，打开光盘文件"Project8\constrain\taideng_constrain.mb"，如图 7-13所示，将文件另存为"taideng_constrain_ok.mb"。

（2）选择"top"视图，在工具栏的"Curves"标签中选择⭘工具，创建一个圆形曲线，命名为 CC1，用以控制节点 Joint1 的运动。

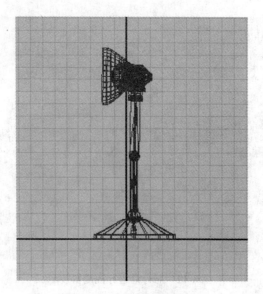

图 8-13　已装配骨骼的台灯

（3）使用相同的工具创建四个圆形曲线，分别命名为 CC2、CC3、CC4，分别来控制 Joint2、Joint3、Joint4，在 Front 视图中调整四个圆形曲线的位置，使之与相应的节点高度一致，如图 8-14 所示。

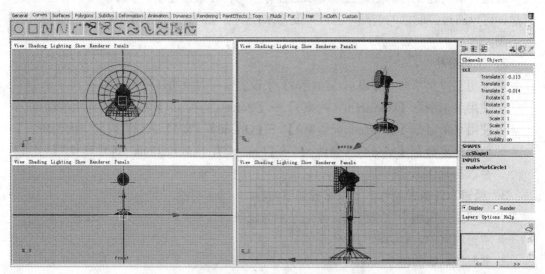

图 8-14　绘制控制曲线

（4）在 persp 视图窗口中单击【Show】菜单，取消对 "NURBS Surfaces" 与 "Polygons" 复选框的选择，隐藏窗口中的曲面和多边形，将骨骼显示出来，如图 8-15 所示。

（5）选择 CC1 为约束对象，再选择 Joint1 作为被约束对象，执行【Constraint（约束）】→【Point（点约束）】命令设置约束，从而实现 CC1 对 Joint1 的点约束，如图 8-16 所示。

图 8-15 隐藏曲面和多边形

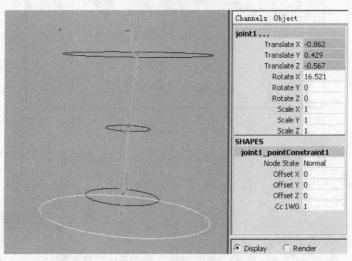

图 8-16 为 Joint1 设置点约束

（6）选择 CC2 为约束对象，再选择 Joint2 作为被约束对象，执行【Constraint（约束）】
→【Orient（方向）】命令设置约束，实现 CC2 对 Joint2 的方向约束，如图 8-17 所示。

（7）选择 CC3 为约束对象，再选择 Joint3 作为被约束对象，单击【Constraint（约束）】
→【Orient（方向）】命令右边的 ☐ 按钮，打开 Orient 属性窗口，设置 Offset（偏移）为 Z
轴-90 度，使骨骼方向与曲线成 90°夹角，Constraint axes 为 Z 轴，如图 8-18 所示。

（8）单击 Add 按钮，建立约束关系，使 cc3 与 Joint3 建立在 Z 轴上的方向约束关系，
如图 8-19 所示。

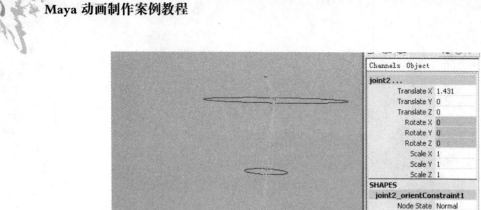

图 8-17　为 Joint2 设置方向约束

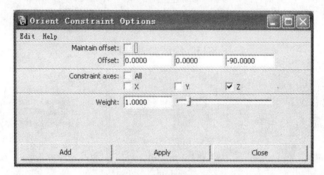

图 8-18　Orient 属性窗口

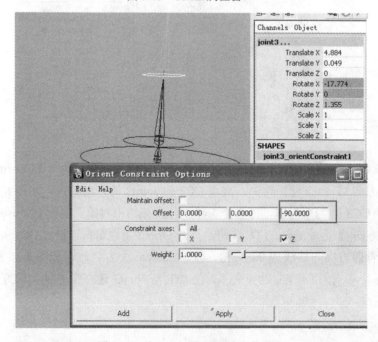

图 8-19　为 Joint3 设置 Z 轴方向约束

注意：（1）因为节点 Joint3 已经进行了旋转自由度的限制，所以对 CC3 应该进行相应的限制，否则约束不能建立。（2）因为骨骼方向与约束曲线在方向上的差异，因此在设置约束时应进行相应的修正，否则会出现骨骼变向，如图 8-20 所示。

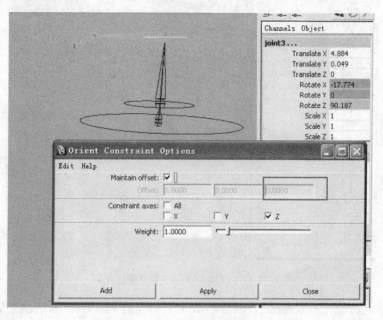

图 8-20　未修正错误偏差

（9）选择 CC4 为约束对象，再选择 Joint4 作为被约束对象，执行【Constraint（约束）】→【Orient（方向）】命令设置约束，实现 CC4 对 Joint4 的位置约束，如图 8-21 所示。

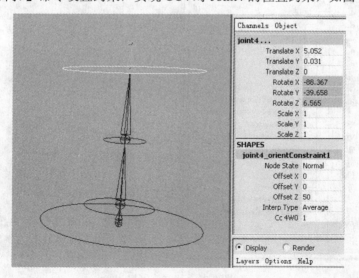

图 8-21　为 Joint4 设置约束

（10）移动 CC1，会发现其他的三个曲线并没有移动，应当为曲线和骨骼设置父子关系。选择 CC4，加选 Joint3，按【P】键，使其建立父子关系，如图 8-22 所示。

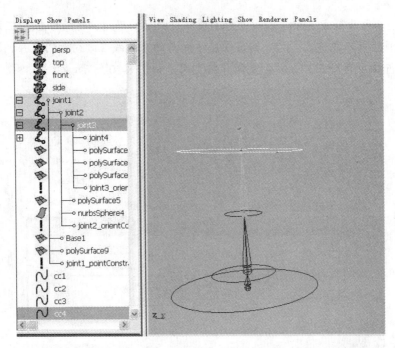

图 8-22 为 CC4 与 Joint3 建立父子关系

（11）继续选择 CC3 与 Joint2，CC2 与 Joint1，Joint1 与 CC1，分别建立父子关系，如图 8-23 所示。

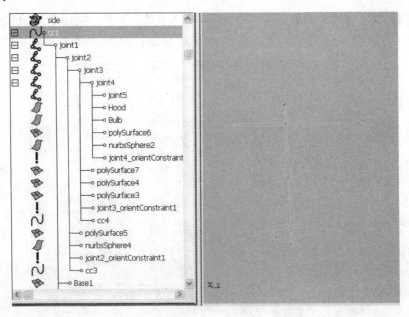

图 8-23 建立控制器

注意：为了便于日后的操作，可调整控制器至合适位置，在进行约束之前，选中曲线，执行【Modify（修改）】→【Freeze Transformations（冻结转换）】命令，进行初始化。

〖 **新知解析** 〗

使用约束，用户可以基于一个或多个"目标"对象的位置、方向或缩放来控制被约束的对象的相应属性，另外，可以对对象强加特殊的限制，建立动画自动设置过程。

一、【Constraint（约束）】类型

在角色创建与动画中，Maya 包括 9 种类型的约束。

1．Point（点约束）

使用点约束，用户可以将一个对象的位置约束到一个或多个对象的位置。单击【Constraint】→【Point】命令右侧的 □ 按钮，打开点约束属性窗口，如图 8-24 所示。

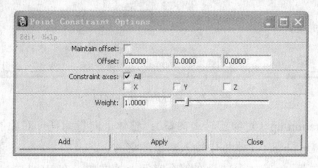

图 8-24　点约束属性窗口

✦ Maintain offset（保持偏移）：勾选此项创建约束可以保持被约束对象的当前位置，使被约束对象偏离目标点，关闭此项，被约束对象将被捕捉到目标点上。

✦ Offset（偏移）：该项控制被约束对象与目标点的相对坐标值。

✦ Constraint axes（约束轴）：控制被约束项被驱动的轴向。默认三个轴向都被驱动。

✦ Weight（权重值）：设置目标对象的权重值。权重设置目标点的影响程度。

2．Aim（目标约束）

目标约束能约束对象的方向，使对象总是瞄准其他对象。目标约束的典型用途包括使灯或摄影机瞄准一个或一组对象。单击【Constraint】→【Aim】命令右侧的 □ 按钮，打开目标约束属性窗口，如图 8-25 所示。

✦ Maintain offset（保持偏移）：勾选此项创建约束可以保持被约束对象的当前位置，使被约束对象偏离目标点，关闭此项，被约束对象将被捕捉到目标点上。

✦ Offset（偏移）：该项控制被约束对象与目标点的相对坐标值。

✦ Arm vector（目标矢量）：设置目标向量在被约束对象局部空间的方向。目标向量将指向目标点，从而迫使约束对象确定了自身的方向。

✦ Up vector（上矢量）：设置上向量在被约束对象的局部空间的方向。默认设置对象局部旋转 Y 轴正向将与上向量排列在同一条线上。

✦ World up type（整体上类型）：设置整体上向量的类型，它包括以下几种类型：

● Scene up（场景上向量）：整体上向量在整体空间中为正 Y 方向。

- Object up（对象上矢量）：整体上向量为任一对象的矢量方向。在 World Up object 文本框中输入对象的名称。

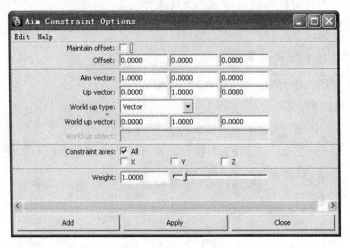

图 8-25　目标约束属性窗口

- Object rotation up（对象旋转上向量）：整体上向量为任一对象的旋转矢量方向。在 World Up object 文本框中输入对象的名称。
- Vector（矢量）：整体上向量在整个空间上的方向。在 World up vector（整体上矢量）中可以输入数值。
- None（无）：不设置 World 向量方向。

✦ Constraint axes（约束轴）：控制被约束项被驱动的轴向。默认三个轴向都被驱动。

✦ Weight（权重值）：设置被约束目标的方向受目标对象的影响程度。

3．Orient（方向约束）

方向约束引起一个对象跟随一个或多个对象的方向。单击【Constraint】→【Orient】命令右侧的 □ 按钮，打开点约束属性窗口，如图 8-26 所示。

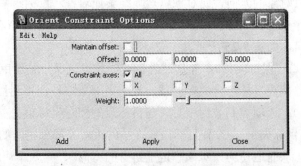

图 8-26　方向约束属性窗口

✦ Maintain offset（保持偏移）：勾选此项创建约束可以保持被约束对象的当前方向，使被约束对象的旋转方向偏离目标旋转方向，关闭此项，被约束对象将捕捉目标对象旋转方向。

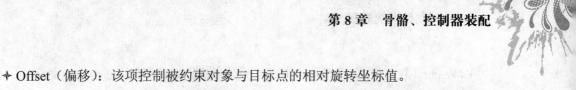

❖ Offset（偏移）：该项控制被约束对象与目标点的相对旋转坐标值。

❖ Constraint axes（约束轴）：控制被约束项被驱动的轴向。默认三个轴向都被驱动。

❖ Weight（权重值）：设置被约束对象的旋转受目标对象旋转影响的程度。

4．Scale（缩放约束）

缩放约束可以使一个对象跟随一个或多个目标对象的缩放而缩放。单击【Constraint】
→【Scale】命令右侧的 ⬜ 按钮，打开缩放约束属性窗口，如图 8-27 所示。

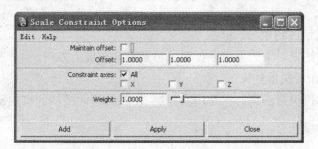

图 8-27　缩放约束属性窗口

❖ Maintain offset（保持偏移）：勾选此项创建约束可以保持被约束对象的当前缩放值，
使被约束对象的缩放值偏离目标缩放值，关闭此项，被约束对象将捕捉目标对象缩
放值。

❖ Offset（偏移）：该项控制被约束对象与目标点的相对缩放值。

❖ Constraint axes（约束轴）：控制被约束项被驱动的轴向。默认三个轴向都被驱动。

❖ Weight（权重值）：设置被约束对象的缩放受目标对象缩放影响的程度。

5．Parent（父子约束）

它将约束对象视为父对象，被约束对象的移动和旋转都将随父对象变化而变化。单击
【Constraint】→【Parent】命令右侧的 ⬜ 按钮，打开父子约束属性窗口，如图 8-28 所示。

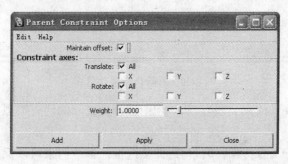

图 8-28　父子约束属性窗口

❖ Maintain offset（保持偏移）：勾选此项创建约束可以保持被约束对象的当前变化值，
使被约束对象的缩放值偏离目标变化值，关闭此项，被约束对象将捕捉目标对象变
化值。

❖ Constraint axes（约束轴）：控制被约束项被驱动的轴向。默认 Translate 和 Rotate 轴
向都被驱动。

✦ Weight（权重值）：设置被约束对象的变化受目标对象变化影响的程度。

6．Geometry（几何体约束）

使用几何体约束，可以将对象约束到曲面或曲线上。它可以将几何体限制到 NURBS 表面、多边形表面和 NURBS 曲线上。

7．Normal（法线约束）

法线约束可以约束对象的方向，使对象方向与 NURBS 曲面或多边形曲面的法线矢量对齐。

8．Tangent（切线约束）

切线约束可以约束对象的方向，使对象总是指向曲线的方向。

9．Pole Vector（矢量约束）

矢量约束也称极矢量约束，它是用来控制 IK 旋转平面手柄的极向量。

二、约束其他操作

1．Remove Target（移除目标）

在创建任意一个约束后，用户可以使用【Remove Target】命令去除任何一个目标对象，使其不再约束被约束的对象。

单击菜单【Constraint】→【Remove Target】命令后的 ▯ 按钮，打开移除目标属性窗口，如图 8-29 所示。

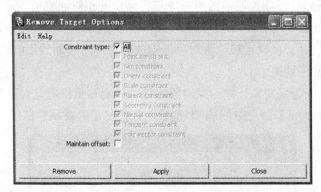

图 8-29　移除目标属性窗口

✦ Constraint type（约束类型）：从该项中选择要去除的约束类型，默认是全部的约束类型。

✦ Maintain offset（保持偏移）：勾选此复选框，修改约束可以保持被约束物体的当前方向，使被约束对象偏移目标点。

2．Set Rest Position（设置初始位置）

使用该项可以将被约束对象还原创建约束时的初始位置。

3．Modify Constrained Axis（修改约束轴）

在创建任意一个约束后，用户可以使用【Modify Constrained Axis（修改约束轴）】命令为约束重新指定约束轴。

〖任务总结〗

（1）使用约束，用户可以基于一个或多个"目标"对象的位置、方向或缩放来控制被约束的对象的相应属性外，可以对对象强加特殊的限制，建立动画自动设置过程。

（2）在角色创建与动画中，Maya 可以包括 9 种类型的约束。

① Point（点约束）

② Aim（目标约束）

③ Orient（方向约束）

④ Scale（缩放约束）

⑤ Parent（父子约束）

⑥ Geometry（几何体约束）

⑦ Normal（法线约束）

⑧ Tangent（切线约束）

⑨ Pole Vector（矢量约束）

（3）约束其他操作有 Remove Target（移除目标）、Set Rest Position（设置初始位置）和 Modify Constrained Axis（修改约束轴），对于已经建立的不适宜的约束可以通过这些命令来进行调整。

（4）建立约束时应该注意类型的选择和目标的设定方式。

〖评估〗

任务二　评估表

任务二评估细则		自　　评	教 师 评
1	约束的理解		
2	约束的设置		
3	约束的编辑修改		
4	能够使用约束进行动画的制作		
5	任务的制作效果		
任务综合评估			

任务三　使用蒙皮进行手臂的骨骼绑定

效果如图 8-30 所示。

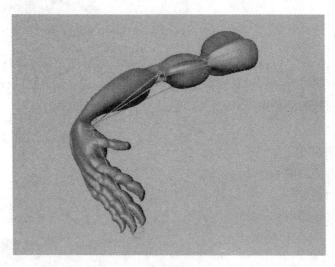

图 8-30 骨骼蒙皮

〖任务分析〗

1. 制作分析

对骨骼系统进行动画设置相当于产生了木偶钢丝支架的动态效果，要使骨骼带动角色模型产生运动效果，则需要为骨骼进行蒙皮处理。

✦ 使用【Joint Tool】为手臂添加骨骼。

✦ 使用【IK Handle Tool（IK 手柄控制）】命令在关节中建立反向动力学控制器。

✦ 使用【Smooth Bind（光滑绑定）】命令绑定骨骼和手臂模型。

2. 工具分析

✦ 使用【Skeleton（骨骼）】→【Joint Tool（关节工具）】命令为手臂添加骨骼

✦ 使用【Skeleton（骨骼）】→【IK Handle Tool（IK 手柄控制）】命令使在关节间创建反向动力控制器。

✦ 使用【Smooth Bind（光滑绑定）】命令绑定手臂和骨骼。

3. 通过本任务的制作，要求掌握如下内容

✦ 使用【IK Handle Tool（IK 手柄控制）】命令为关节添加反向动力控制器。

✦ 使用【Smooth Bind（光滑绑定）】命令绑定骨骼和对象。

✦ 使用【Detach Skin（分离蒙皮）】命令解除骨骼绑定。

〖任务实施〗

（1）执行【File】→【Open】命令，打开光盘文件"project8/skin/scenes/arm.mb"，如图 8-31 所示。将文件另存为"arm-OK.mb"。

（2）转换至 TOP 视图，执行【Skeleton】→【Joint Tool】命令，对手臂模型的关节部位的模型结构进行骨骼系统创建，如图 8-32 所示。

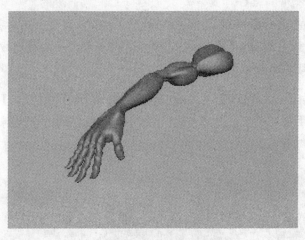

图 8-31　手臂模型

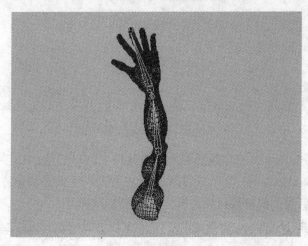

图 8-32　创建骨骼系统

（3）切换至透视图，通过对骨骼关节进行移动和旋转操作，使骨骼与手臂模型相匹配，如图 8-33 所示。

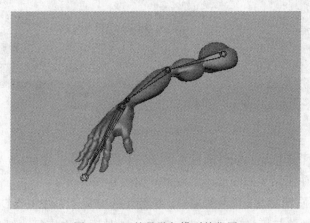

图 8-33　调整骨骼与模型的位置

说明：在为角色进行骨骼创建和编辑时，为了操作方便，可以在视图菜单中执行【Shading（明暗）】→【X-Ray（X 射线）】命令，将模型以一般透明方式显示，制作者可以更加直观地观察到骨骼与模型之间的位置关系。

（4）执行【Skeleton（骨骼）】→【IK Handle Tool（IK 手柄控制）】命令，在关节链中依次单击肩关节和手腕处关节，这样将在关节链中创建反向动力学控制器，如图 8-34 所示。

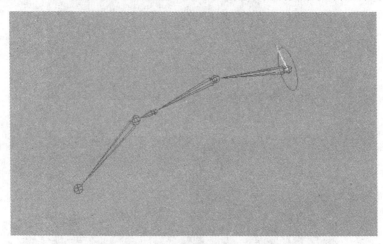

图 8-34　建立反向动力学控制器

（5）选择关节链中处于父物体级别的根关节并按下【Shift】键加选手臂模型，执行【Skin（蒙皮）】→【Smooth Bind（光滑绑定）】命令，在骨骼和手臂之间建立起绑定关系，单击手臂模型，可以看到模型的参数已经被绑定，如图 8-35 所示。

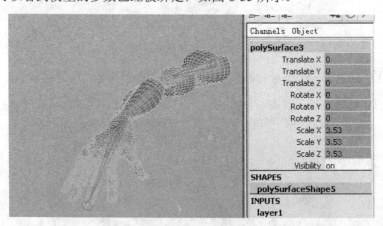

图 8-35　绑定骨骼

（6）对骨骼关节进行旋转或者通过移动 IK 手柄使骨骼产生运动，可以观察到手臂模型受到骨骼牵动产生了同步的变形运动效果，如图 8-36 所示。

（7）再次选择关节 Joint1 和手臂模型，执行【Skin（蒙皮）】→【Detach Skin（分离蒙皮）】命令，取消骨骼与模型之间的绑定关系，同时模型也恢复为绑定之前的状态，如

图 8-37 所示。

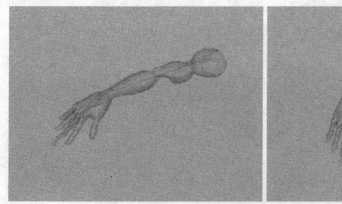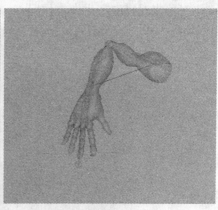

图 8-36　手臂变形运动效果

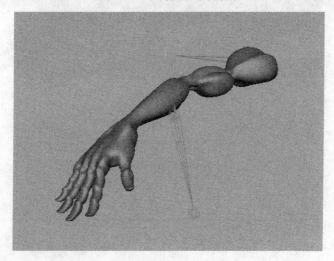

图 8-37　分离蒙皮

〖 新知解析 〗

一、Smooth Bind（平滑蒙皮）

平滑蒙皮通过几个关节影响相同的可变形对象来提供平滑的、有关节连接的变形效果，如图 8-38 所示。

单击菜单【Skin（皮肤）】→【Bind Skin（蒙皮）】→【Smooth Skin（平滑蒙皮）】命令后的 ❏ 按钮，打开平滑蒙皮属性窗口，如图 8-39 所示。

✦ Bind to（绑定到……）：设置蒙皮绑定的范围。

● Joint hierarchy（关节层级）：将模型绑定到与所选关节相联的整体关节层级系统上。

● Selected Joint（所选关节）：将模型绑定在所选的关节上。

- Object hierarchy（物理层级）：根据物体的层级关系来进行蒙皮，通常借助 Locator 对象来对模型产生绑定作用。

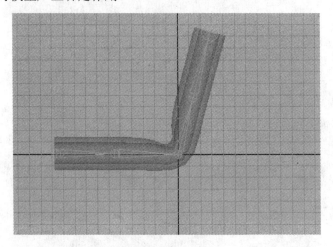

图 8-38　创建平滑蒙皮

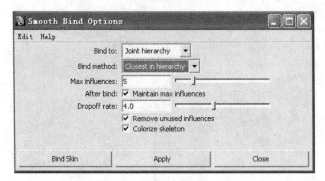

图 8-39　平滑蒙皮属性窗口

✦ Bind method（绑定方式）：可以指定关节影响处发生作用的方式。

- Closest in hierarchy（层级中最近的）：设置关节影响基于骨骼的层级。在设置角色时，通常采用这种方式。
- Closest distance（最接近的距离）：设置关节影响基于蒙皮点的接近程度。

✦ Max influences（最大影响）：参数值可以控制模型顶点受骨骼影响的最大权重。

✦ After bind（绑定后）：选定后可以保持在创建蒙皮时 Max influences 所设置的影响蒙皮点的关节数量。

✦ Drop off rate（衰减率）：可以控制每一根骨骼对控制范围内的模型产生影响的衰减程度。

✦ Remove unused influences（消除未使用影响物）：用于清除不对皮肤产生任何影响效果的物体。

✦ Colorize skeleton（彩色骨骼）：选定后在蒙皮之后改变骨骼的颜色为彩色。

二、Rigid Bind（刚体蒙皮）

刚体蒙皮通过关节影响一系列可变形对象点而提供关节连接的变形效果。对于刚体蒙皮，一个关节就会影响每个可控点，这会导致产生僵硬的弯曲效果，如图 8-40 所示。

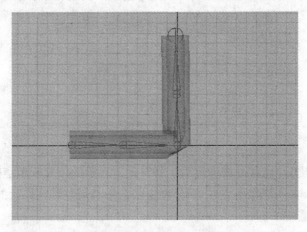

图 8-40　刚体蒙皮效果

单击菜单【Skin（皮肤）】→【Bind Skin（蒙皮）】→【Rigid Skin（刚体蒙皮）】命令后的 ⊡ 按钮，打开刚体蒙皮属性窗口，如图 8-41 所示。

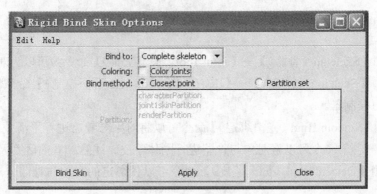

图 8-41　刚体蒙皮属性窗口

✦ Bind to（绑定到）：设置蒙皮的绑定范围，同平滑蒙皮选项。

✦ Coloring（着色）：设置是否根据自动设置着色。

✦ Bind method（绑定模式）：

　● Close point（最接近的点）：设置 Maya 基于每个点到关节的距离，自动将变形对象点组成蒙皮点组。

　● Partition set（分类设置）：该项设置 Maya 绑定在分区中已经被组织成组的点。它具有和关节一样多的组。

✦ Partition（分类）：当用户选择 Partition set 时，当前有效的分区被列出。

三、Detach Skin（分离蒙皮）

该命令可以将选定的模型与骨骼进行皮肤分离。单击【Skin（蒙皮）】→【Detach Skin（分离蒙皮）】命令后的 ▢ 按钮，打开分离蒙皮属性窗口，如图 8-42 所示。

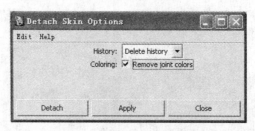

图 8-42　分离蒙皮属性窗口

✦ History（历史）：设置分离蒙皮后，将对蒙皮对象的位置和节点产生影响。

- Delete history（删除历史）：将分离皮肤，使其恢复到它原始的、未变形的形状，并且删除蒙皮节点。
- Keep history（保留历史）：分离皮肤，使其恢复到它原始的、未变形的形状，但不删除蒙皮节点。

✦ Coloring（着色）：是否去除在绑定过程中设置给关节的颜色。

〖任务总结〗

（1）使用【Skeleton（骨骼）】→【Joint Tool（关节工具）】命令为可以为对象添加骨骼。

（2）使用【Skeleton（骨骼）】→【IK Handle Tool（IK 手柄控制）】命令使其在关节间创建反向动力控制器。

（3）使用【Smooth Bind（光滑绑定）】命令可以将对象与骨骼进行平滑蒙皮，而【Rigid Bind（刚体蒙皮）】命令可以将对象与骨骼进行刚体蒙皮。注意二者的区别及应用。

（4）使用【Detach Skin（分离蒙皮）】命令可以使绑定的对象与骨骼分离，进行重新的蒙皮设定。

〖评估〗

任务三　评估表

任务三评估细则		自　评	教　师　评
1	骨骼的创建与编辑		
2	反向动力学控制器的设置		
3	蒙皮命令的使用		
4	蒙皮分离命令的使用		
5	任务的制作效果		
任务综合评估			

第 9 章　渲染合成

【Rendering（渲染）】是将三维软件中制作的场景与动画输出为图片浏览器或视频播放器能够读取的图像文件的关键步骤。通过渲染计算可以将三维场景中的照明情况、物体的投影、物体之间的反射与折射以及物体的材质贴图等真实表现出来。

1．测试渲染

在对场景进行构建的过程中（包括材质纹理的指定、场景布光和摆放摄像机等），制作者需要反复对场景进行测试渲染以观察当前场景效果。通过测试渲染可以发现并校正当前场景存在的问题，也可以估计最终渲染时间，并在图像质量和渲染速度之间进行权衡。

2．最终渲染

经过一系列的测试渲染和调整之后，当效果达到制作者预期的目标时，可以对场景进行最终渲染。在 Maya 中可以将场景渲染输出为单帧图像、动画场景片段以及完整时间长度的动画影像文件。

通过本章的学习，你将学到以下内容：

✦ 了解渲染的基本概念

✦ 能够运用渲染技术进行测试渲染

✦ 能够运用渲染技术进行场景、动画的最终渲染。

✦ 能够通过参数的调整，进行不同形式的渲染。

任务一　对给出的金鱼场景进行渲染

对金鱼场景进行渲染的效果如图 9-1 所示。

图 9-1　渲染金鱼场景

〖任务分析〗

1．制作分析

✦ 使用【File（文件）】→【Open Scene（打开场景）】命令打开所需的金鱼场景文件。

✦ 使用【Render（渲染）】命令完成金鱼场景的渲染。

2．工具分析

✦ 使用【File（文件）】→【Open Scene（打开场景）】命令，打开已存在的场景文件。

✦ 使用【Open Render View（打开渲染视图）】命令对场景进行渲染操作。

3．通过本任务的制作，要求掌握如下内容

✦ 学会使用【File（文件）】→【Open Scene（打开场景）】命令打开已存在的场景文件。

✦ 学习使用【Render（渲染）】命令，并熟练进行参数调整设置。

〖任务实施〗

（1）打开项目。执行【File（文件）】→【Open Scene（打开场景）】命令，打开光盘文件 "Project9/shuimo_Project/scenes/鱼 02"，如图 9-2 所示。

（2）单击状态行中的 图标或执行【Window（窗口）】→【Render Editors（渲染编辑器）】→【Render Settings（渲染设置）】命令，打开【Render Settings（渲染设置）】窗口。

（3）在【Render Settings（渲染设置）】窗口的【Image Size（图像尺寸）】选项栏中，设置【Presets（预制）】选项为 "640×480"，并在【Anti-aliasing Quality（抗锯齿质量）】选项栏中的【Quality（质量）】选项下选择【Preview quality（预览质量）】类型，单击渲染视图窗口上方的 按钮，对场景进行渲染，如图 9-3 所示。

图 9-2 鱼 02 文件

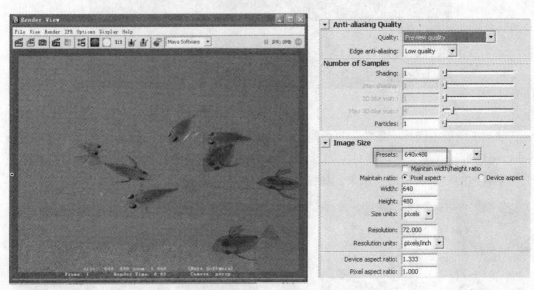

图 9-3 渲染属性设置

〖 新知解析 〗

渲染窗口由两部分功能区域所组成，分别是上方的菜单及功能按钮区域和下方的渲染图像显示区域，如图 9-4 所示。

（1）将光标放置在渲染窗口的四角，按下鼠标左键进行拖动可以改变渲染图像显示的大小。

（2）单击渲染视图窗口上方的 按钮，可以将渲染图像以原来的像素尺寸进行显示。

（3）在渲染视图窗口中同时按下【Alt】键和鼠标右键进行拖动，可以改变渲染图像显示尺寸；同时按下【Alt】键和鼠标中键进行拖动，可以改变渲染图像在窗口中的位置。

图 9-4 渲染窗口组成

（4）在场景中选择一条鱼，执行渲染图像窗口菜单中的【Render（渲染）】→【Render Selected Objects（渲染所选择对象）】命令，单击视图窗口上方的 ▦ 按钮，这样只有当前处于选中状态的对象能被渲染出来，如图 9-5 所示。

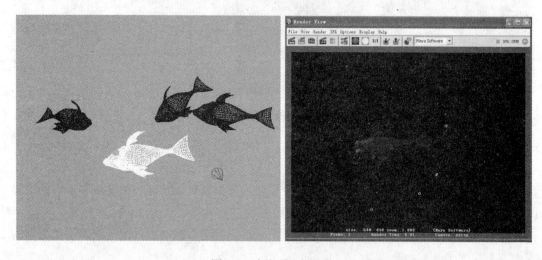

图 9-5 渲染所选择对象

（5）在渲染视图窗口中按下鼠标左键进行拖动，产生红色矩形线框，单击视图窗口上方的 ▦ 按钮，这样将只有矩形选框内的区域才能进行渲染计算，如图 9-6 所示。

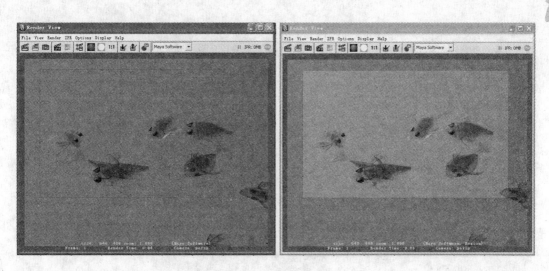

图 9-6 区域渲染设置

（6）在渲染视图窗口中单击视图窗口上方的 ▣ 按钮，可以将透视图中的场景线框效果以快照方式捕获到渲染视图中进行显示，这样将有利于更加清晰地进行渲染区域的选取，单击 ▣ 按钮将对选定区域进行渲染，如图 9-7 所示。

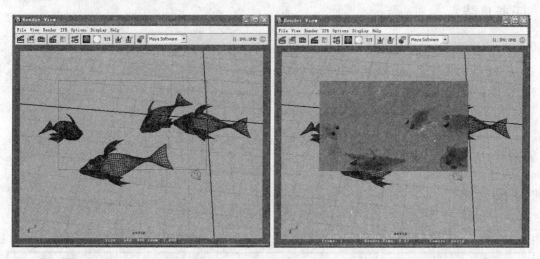

图 9-7 视图线框快照

（7）在渲染视图窗口中单击视图窗口上方的 ▣ 按钮，可以将当前渲染图像进行备份，便于参数调整时对调整前后的图像效果进行比较。

（8）在对场景进行重新渲染后，拖动渲染图像窗口下方的滑块，则可以显示之前备份的渲染图像效果；单击 ▣ 按钮可以清除之前备份的渲染图像。

（9）在渲染视图窗口中单击视图窗口上方的 ▣ 按钮，可以显示当前渲染图像的 Alpha通道；单击 ▣ 按钮则将显示渲染图像的 RGB 通道，如图 9-8 所示。

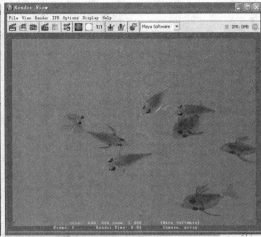

图 9-8　图像通道显示

（10）执行渲染图像窗口菜单中的【File（文件）】→【Save Image（保存图像）】命令，可以在弹出的图像保存窗口中设置图像存储路径、名称和格式。

〖任务总结〗

（1）使用【File（文件）】→【Open Scene（打开场景）】命令打开已完成的场景。

（2）使用【Window（窗口）】→【Render Editors（渲染编辑器）】→【Render Settings（渲染设置）】命令调整渲染参数。

（3）使用 ▦ 命令完成文件的渲染。

（4）使用渲染图像窗口菜单中的【File（文件）】→【Save Image（保存图像）】命令保存渲染的图像。

〖评估〗

任务一　评估表

	任务一评估细则	自　　评	教　师　评
1	打开场景		
2	调整渲染参数		
3	渲染生成		
4	保存渲染图像		
任务综合评估			

任务二 使用 IPR 渲染金鱼场景

〖**任务分析**〗

1. 制作分析

使用【File（文件）】→【Open Scene（打开场景）】命令打开所需的金鱼场景文件。

使用【IPR】→【Update Shadow Maps（更新阴影贴图）】命令更新灯光阴影位置。

使用【Render（渲染）】→【IPR Render Current Frame（IPR 渲染当前帧）】命令完成金鱼场景的变幻渲染。

2. 工具分析

使用【File（文件）】→【Open Scene（打开场景）】命令，打开已存在的场景文件。

使用【Render（渲染）】→【IPR Render Current Frame（IPR 渲染当前帧）】命令对场景进行渲染操作。

3. 通过本任务的制作，要求掌握如下内容

学会使用【File（文件）】→【Open Scene（打开场景）】命令打开已存在的场景文件。

学习使用 IPR 渲染的方法，并熟练进行参数调整设置。

〖**任务实施**〗

（1）打开项目。执行【File（文件）】→【Open Scene（打开场景）】命令，打开光盘文件"Project9/shuimo_Project/scenes/鱼 03"。

（2）执行【Render（渲染）】→【IPR Render Current Frame（IPR 渲染当前帧）】命令或者在渲染图像窗口中单击██按钮，对场景进行渲染。

（3）在渲染视图中，按下鼠标左键拖曳出矩形区域，定义自动更新渲染的范围。

（4）选择场景中的灯光，按下键盘上的【Ctrl+A】组合键，打开灯光的属性编辑器，改变【Color（颜色）】选项，这样在渲染视图中被选择的区域内将自动进行更新渲染，如图 9-9 所示。

（5）改变灯光照射位置，在渲染图像窗口中会观察到指定区域内自动进行了更新渲染，但是灯光照射阴影区域的阴影并未进行自动更新。执行渲染图像窗口菜单中的【IPR】→【Update Shadow Maps（更新阴影贴图）】命令，这样将对阴影位置进行重新渲染并产生正确的渲染效果，如图 9-10 所示。

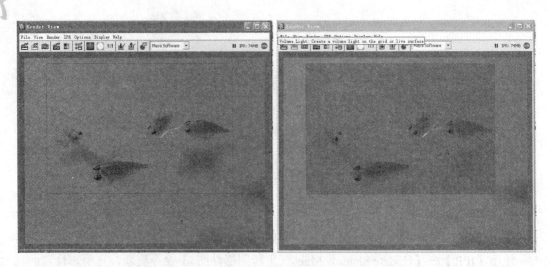

图 9-9　自动更新渲染

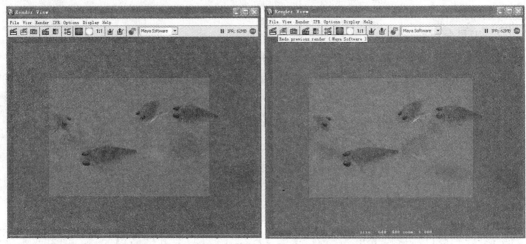

改变灯光照射位置　　　　　　　　　　　　更新阴影贴图

图 9-10　更新阴影贴图

（6）选择金鱼眼睛对象，在材质属性编辑面板中将【Transparency（透明度）】选项调整为白色，这样可以观察到在 IPR 渲染区域对金鱼眼睛材质透明度变化进行了自动更新渲染，然而并未取得正确的渲染效果。

（7）在渲染图像窗口中单击■按钮，对场景重新进行 IPR 渲染，这样将产生正确的材质透明效果，如图 9-11 所示。

〖 新知解析 〗

IPR 是【Interactive Photorealistic Rendering（交互式真实渲染）的缩写，IPR 渲染方式使得用户在对场景做出改变的同时自动更新渲染，但是渲染不能渲染光线追踪下的场景。

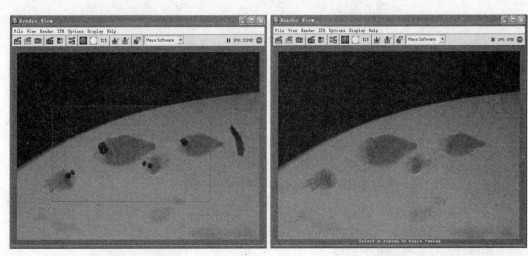

自动更新渲染效果　　　　　　　　　　　手动更新渲染效果

图 9-11　手动更新渲染

IPR 渲染将产生大量的图像文件，这些文件自动存储在工程目录的 renderData/iprImages 目录中，扩展名为 iff，将这些文件删除后可以释放硬盘空间。

〖**任务总结**〗

（1）使用【File（文件）】→【Open Scene（打开场景）】命令打开已完成的场景。

（2）使用【Render（渲染）】→【IPR Render Current Frame（IPR 渲染当前帧）】命令渲染场景。

（3）掌握【IPR】→【Update Shadow Maps（更新阴影贴图）】命令的运用。

〖**评估**〗

任务二　评估表

	任务二评估细则	自　评	教　师　评
1	打开场景		
2	更新阴影贴图		
3	渲染生成		
任务综合评估			

任务三　使用硬件渲染 LOGO 的变形粒子动画

〖**任务分析**〗

1．制作分析

使用【File（文件）】→【Open Scene（打开场景）】命令打开所需的场景文件。

使用硬件渲染完成场景的渲染。

2．工具分析

使用【File（文件）】→【Open Scene（打开场景）】命令，打开已存在的场景文件。

在【Hardware Render Globals（硬件渲染全局）】属性面板中指定硬件渲染相关信息。

3．通过本任务的制作，要求掌握如下内容

学会使用【File（文件）】→【Open Scene（打开场景）】命令打开已存在的场景文件。

学习使用硬件渲染方式渲染所需的文件场景。

〖**任务实施**〗

（1）打开项目。执行【File（文件）】→【Open Scene（打开场景）】命令，打开光盘文件 "Project9/blow_away_text/scenes/blow_away_text"，场景中包含了一个 GNOMON 工作室 LOGO 的变形粒子动画效果。

（2）执行【Window（窗口）】→【Rendering Editors（渲染编辑器）】→【Hardware Render Buffer（硬件渲染缓冲器）】命令，打开【Hardware Render Buffer（硬件渲染缓冲器）】窗口，如图 9-12 所示。

图 9-12　打开硬件渲染缓冲器窗口

（3）在【Hardware Render Buffer（硬件渲染缓冲器）】中，执行【Cameras（摄像机）】
→【Persp（透视图）】命令，设置硬件渲染的视图为透视图，如图 9-13 所示。

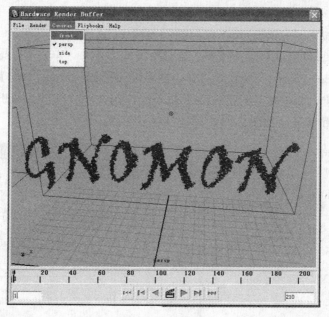

图 9-13　参数设置

（4）在硬件渲染缓冲器窗口中，执行【Render（渲染）】→【Attributes（属性）】命令，
打开硬件渲染属性编辑器，如图 9-14 所示。

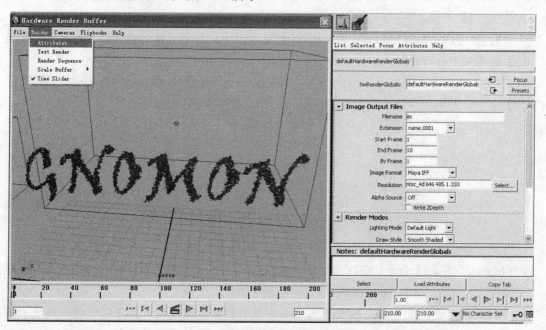

图 9-14　打开硬件渲染属性编辑器

（5）在硬件渲染属性编辑器的【Image Output Files（图像输出文件）】选项栏中，在【Filename（文件名）】选项后面输入"im"作为保存渲染图像文件的名称，并在【Extension（扩展名）】选项后面的下拉菜单中选择动画文件名称格式为 name.1.ext，设置【Start Frame（开始帧）】参数为 1，【End Frame（结束帧）】参数值为 200。

（6）在【Image Output Files（图像输出文件）】选项栏中，单击【Resolution（解析度）】选项右侧的"Select（选择）"按钮，在弹出的【Image Size（图像尺寸）】对话框中选择一个预设值或直接输入解析度（例如 NTSC_4d 646 485 1.333），设置【Alpha Source （Alpha通道）】选项为 off 状态，如图 9-15 所示。

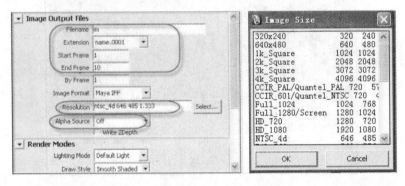

图 9-15　设置图像输出属性

（7）在【Render Modes（渲染模式）】选项栏中，设置【Lighting Mode（照明，模式）】选项为【Default Light（默认灯光）】，设置【Draw Style（绘制类型）】选项为【Smooth Shaded（光滑明暗）】类型。

（8）在【Display Options（显示选项）】选项卡中，设置【Background Color（背景颜色）】选项来更改背景颜色。

（9）在硬件渲染缓冲器窗口中，执行【Render（渲染）】→【Render Sequence（渲染序列）】命令，对场景中的动画效果进行硬件渲染，如图 9-16 所示。

图 9-16　执行【Render Sequence】命令

（10）渲染结束后，在【Hardware Render Buffer（硬件渲染缓冲器）】窗口中，执行【Fliplooks（预览）】命令，在次级菜单中选择与所设置文件名称相对应的文件，这样硬件渲染的图像会显示在 FCheck 视图中，如图 9-17 所示。

（11）在工程目录的 images 文件夹下可以查看到硬件渲染生成的图像文件，系统不能将其自动进行清除，制作者可以根据需要选择保留或删除这些图像文件。

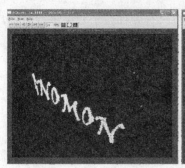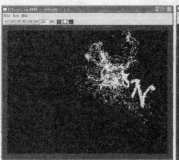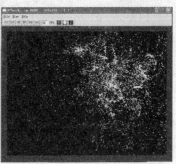

图 9-17　查看硬件渲染效果

〖 **新知解析** 〗

硬件渲染的工作流程主要分为渲染参数设置、进行渲染和观看渲染结果三个步骤。

1．**图像输出文件属性**

【Filename（文件名）】选项控制所有渲染图像的基础名。

【Extension（扩展名）】选项控制添加到基础文件名后面的扩展名的格式。

【Start Frame（开始帧）】和【End Frame（结束帧）】选项分别用于设置进行渲染的动画开始帧和结束帧。

【By Frame（帧间隔）】选项用于设置渲染图像的文件格式，默认为 Maya IFF 格式。

【Image Format（图像格式）】选项用于设置渲染图像的文件格式，默认为 Maya IFF 格式。

【Resolution（解析度）】选项右侧的输入框中输入解析度时，以【格式名称　宽度　高度设备宽高比】的形式进行输入，例如【320×240 320 240 1.333】。

【Alpha Source（Alpha 通道）】选项用于设置硬件渲染生成图像所带有的 Alpha 通道类型。

【Write ZDepth（写入 Z 通道）】选项用于控制硬件渲染生成的图像是否带有深度信息，也就是物体与摄像机之间的距离。

2．**渲染模式属性**

【Lighting Mode（照明模式）】选项用于指定硬件渲染计算中的光线来源，用户可以指定【Default Light（默认灯光）】、【All Lights（所有灯光）】以及【Selected Lights（所选择灯光）】四种照明模式，其中【All Lights（所有灯光）】模式下场景中最多有 8 处灯光。

【Draw Style（绘制类型）】选项用于控制硬件渲染的方式。其中【Points（点）】绘制类型是指 NURBS 曲面作为在空间中平均分布的点被渲染，多边形曲面的对应定点被渲染，粒子作为点被渲染；【Wireframe（线框）】绘制类型是指曲面以线框方式被渲染；【Flat Shaded（平坦明暗）】绘制类型是指曲面以平坦多边形的方式被渲染；【Smooth Shaded（光滑明暗）】是指曲面作为赋予 Phong 材质的多边形被渲染。

【Texturing（纹理）】选项在开启状态下将导致所有的纹理贴图参与硬件渲染。

【Geometry Mask（几何体蒙版）】选项在开启状态下，将只有硬件粒子效果进行渲染，渲染出的粒子动画往往用于后期合成制作。

〖任务总结〗

（1）使用【File（文件）】→【Open Scene（打开场景）】命令打开已完成的场景。
（2）使用硬件渲染命令渲染场景。
（3）了解硬件渲染属性的参数设置。

〖评估〗

任务三　评估表

	任务三评估细则	自　评	教　师　评
1	打开场景		
2	硬件渲染生成		
3	参数设置		
任务综合评估			

任务四　使用矢量渲染动画人物

〖任务分析〗

1．制作分析

使用【File（文件）】→【Open Scene（打开场景）】命令打开所需的场景文件。
使用矢量渲染完成场景的渲染。

2．工具分析

使用【File（文件）】→【Open Scene（打开场景）】命令，打开已存在的场景文件。
使用【Vector Render（矢量渲染器）】命令渲染所需要的场景文件。

3．通过本任务的制作，要求掌握如下内容

学会使用【File（文件）】→【Open Scene（打开场景）】命令打开已存在的场景文件。
学习使用矢量渲染方式渲染所需的文件场景。

〖**任务实施**〗

（1）打开项目。执行【File（文件）】→【Open Scene（打开场景）】命令，打开光盘文件 "Project9/renwusan/scenes/katongrenwu"，场景中包含了卡通人物的多边形对象。

（2）执行【Window（窗口）】→【Rendering Editors（渲染编辑器）】→【Render Settings（渲染设置）】命令，打开【Render Settings（渲染设置）】窗口，在【Render Using（渲染使用）】选项下选择【Maya Vector（Maya 矢量）】渲染器类型，如图 9-18 所示。

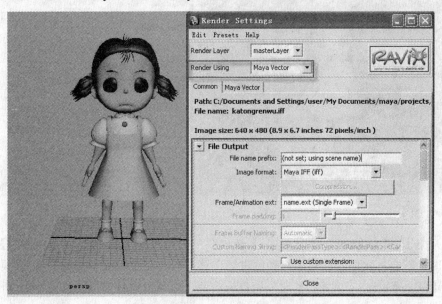

图 9-18　选择 Maya 矢量渲染器类型

（3）在渲染设置窗口中单击 Common 按钮，并在【Image File Output（图像文件输出）】选项栏下的【Image format（图像格式）】选项中选择【Macromedia SEF（swf）】文件格式，制作者也可以根据需要设置其他图像格式类型，如图 9-19 所示。

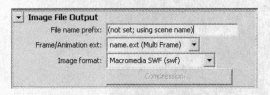

图 9-19　选择图像输出格式

（4）在渲染设置窗口中单击 Maya Software 按钮，并在【Image Format Options（SWF）】选项栏中调整【Frame Rate（帧速率）】参数值为 swf 格式通用的 12 帧/秒，如果渲染生成的动画文件将用于电视播放，则应该将该参数调整为 PAL 电视标准对应的 25 帧/秒或 NTSC 电视标准对应的 30 帧/秒。

（5）在【Flash Version（Flash 版本）】选项下可以选择渲染生成的 swf 动画文件所对应的 Flash 版本。

（6）在【Edge Options（填充选项）】选项栏中开启【Include edges（包含边）】选项，并对场景进行渲染，这样将会看到在物体边缘出现描线效果，如图 9-20 所示。

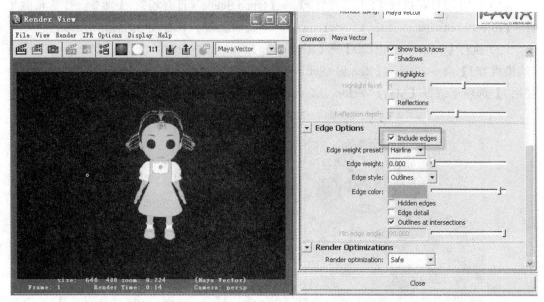

图 9-20　添加边缘描线效果

（7）在【Fill Options（填充选项）】选项栏中关闭【Fill Objects（填充对象）】选项，在渲染时将不会对物体内部的填充颜色进行计算，同时在【Edge Options（边选项）】选项栏中将【Edge Color（边颜色）】选项调整为白色，对场景进行渲染，如图 9-21 所示。

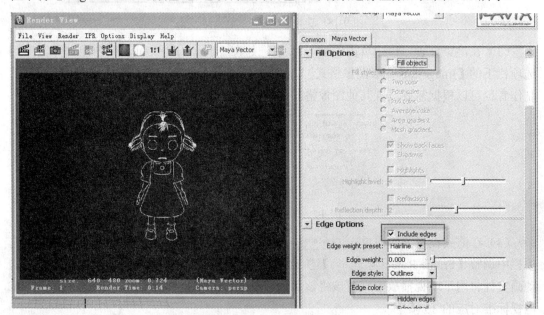

图 9-21　白描卡通渲染效果

（8）重新启动【Fill Objects（填充对象）】选项，在【Appearance Options（形状选项）】

选项栏中调整【Curve tolerance（曲线容差值）】参数为 15，并对场景进行渲染，可以观察到渲染图像与物体初始形状相比出现了较大的误差，如图 9-22 所示。

图 9-22　调整曲线容差值

（9）【Fill Options（填充选项）】选项栏的【Fill Style（填充类型）】选项用于改变对象的颜色填充效果，共有 7 种填充类型，分别是【Single Color（单色）】、【Two Color（双色）】、【Four Color（四色）】、【Full Color（全色）】、【Average Color（均色）】、【Area Gradient（区域渐变）】和【Mesh Gradient（网格渐变）】类型，填充效果如图 9.23 所示。

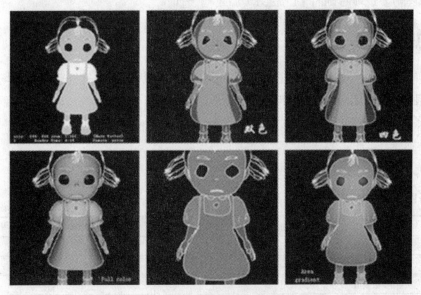

图 9-23　改变填充类型

（10）在场景中创建【Point Light（点光源）】对象，调整光源照射位置和角度，并在属性编辑面板中开启【Use Depth Map Shadows（使用深度贴图阴影）】选项，这样将在场景渲染图像中产生阴影效果，如图 9-24 所示。

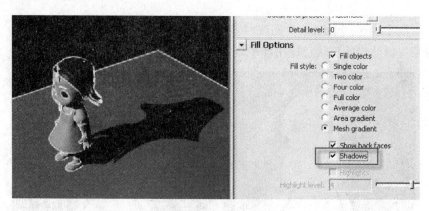

图 9-24　产生阴影效果

〖**新知解析**〗

　　【Maya Vector（Maya 矢量）】渲染器可以渲染生成具有卡通风格的矢量文件，导出后还可以在 Illustrator 和 Flash 等软件中进行进一步编辑。

　　在渲染设置窗口的【Render Using（渲染使用）】选项下如果没有显示出【Maya Vector（Maya 矢量）】类型，则可以执行【Window（窗口）】→【Settings/Preferences（设置/参数）】→【Plug_in Manager（插件管理器）】命令，并在插件管理器窗口中开启【Vector Render（矢量渲染器）】选项右侧的【Loaded（加载）】选项。

〖**任务总结**〗

　　1. 使用【File（文件）】→【Open Scene（打开场景）】命令打开已完成的场景。
　　2. 使用矢量渲染命令渲染卡通风格角色。
　　3. 了解矢量渲染属性的参数设置。

〖**评估**〗

　　任务四　评估表

	任务四评估细则	自　评	教　师　评
1	打开场景		
2	矢量渲染生成		
3	参数设置		
任务综合评估			

第 10 章　综合案例

本书前 9 章对 Maya 的各个模块进行了详细的介绍和解析，本章主要以综合实例的方式将前面 9 章的知识进行一个统筹与融合。本章将从初级建模、材质附加、骨骼装配与绑定、动画调配、灯光渲染全方位地进行案例实战。

通过本章的学习，你将学到以下内容：

✦ 了解动画制作的整个流程

✦ 能够自主完成动画的整体创作

✦ 融合前面 9 章的内容

任务一　台灯模型的创建

台灯的模型如图 10-1 所示。

在各类三维电影动画中，三维建模师们需要设计各种各样的场景、道具。这些三维模型可以通过 Polygon 和 Surfaces 建模来完成。

〖任务分析〗

1. 制作分析

✦ 使用 Surface 命令完成底座和灯罩的制作

✦ 使用 Polygon 建模完成灯颈和灯泡的制作

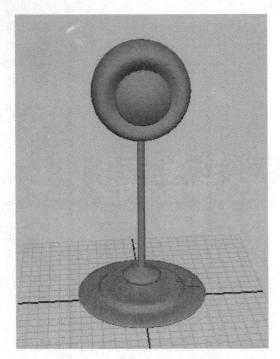

图 10-1　台灯模型

2．工具分析

✦ 使用【Create（创建）】→【EP Curve Tools（EP 曲线）】命令，绘制灯座的曲线。

✦ 使用【Surfaces（多边形）】→【Revolve（旋转成型）】命令，完成灯座的创建。

✦ 使用【Create（创建）】→【Cylinder（圆柱体）】、【Cone（圆锥体）】、【nurbs Sphere（球体）】命令，完成台灯其他部位的创建。

3．通过本任务的制作，要求掌握如下内容

✦ 使用【Create（创建）】→【Polygon Primitives（多边形基本体）】、【nurbs Primitives（NURBS 基本体）】命令熟练掌握基本几何体的创建。

✦ 使用【Create（创建）】→【EP Curve Tools（EP 曲线）】命令学会创建曲线，旋转成型制作所需的几何形体。

〖**任务实施**〗

（1）新建项目。执行【File（文件）】→【Project（项目）】命令，打开【New Project】属性窗口，在窗口中指定项目名称 taideng_Project，单击 "Use Default" 按钮使用默认的数据目录名称，单击 "Accept" 按钮完成项目目录的创建。

（2）执行【Create（创建）】→【EP Curve Tools（EP 曲线）】命令，在 Front 视图里创建曲线，可以通过单击鼠标右键不放，选择 Edit Point 模式对其进行调整，如图 10-2 所示。

（3）选择曲线，执行【Surfaces（多边形）】→【Revolve（旋转成型）】命令，观察如图 10-3 所示的效果。

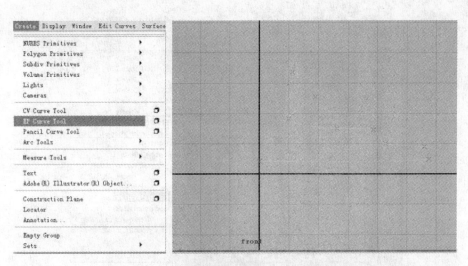

图 10-2　创建 EP 曲线

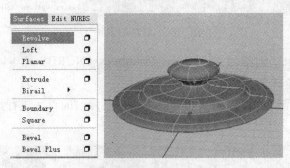

图 10-3　旋转成型制作台灯底座

（4）切换到 top 视图，执行【Create（创建）】→【Polygon Primitives（多边形基本体）】
→【Cylinder（圆柱体）】命令，制作灯颈，如图 10-4 所示。

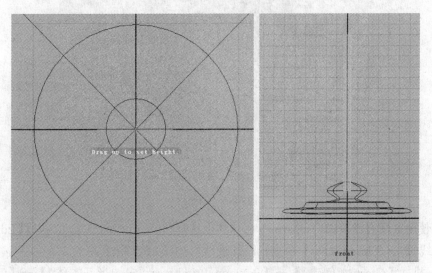

图 10-4　制作灯颈

（5）修改圆柱体的属性参数，如图 10-5 所示。

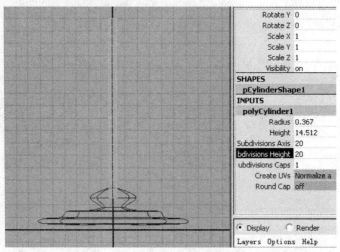

图 10-5　属性的调整

（6）执行【Create（创建）】→【nurbs Primitives（NURBS 基本体）】→【Sphere（球体）】命令，创建一个球体。

（7）使用鼠标右键选择 "control point"，选择要修改的点，进行形状调整，如图 10-6 所示。

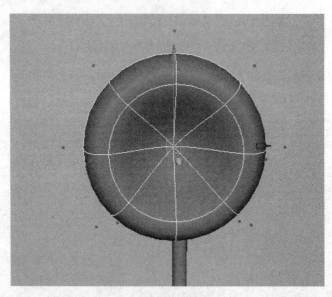

图 10-6　调整点

（8）使用鼠标右键单击 "Isoparm"，在球体上选择 "Isoparm" 向外拖动，执行【Edit Curves（编辑曲线）】→【Insert Knot】命令，添加曲线，如图 10-7 所示。

（9）执行【Create（创建）】→【Polygon Primitives（多边形基本体）】→【Cone（圆锥体）】命令，在球体的深处创建圆锥体，并进行属性调整，如图 10-8 所示。

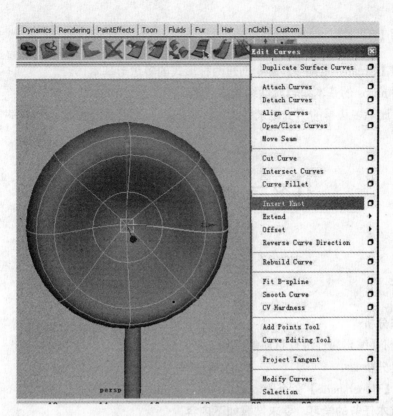

图 10-7　编辑曲线

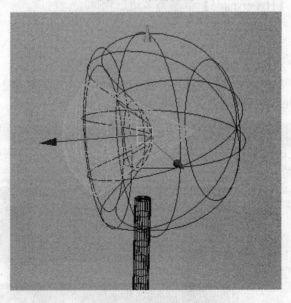

图 10-8　灯泡的创建

（10）框选所有物体，执行【Edit（编辑）】→【Delete by Type History（删除历史记录）】命令，并执行【Modify（修改）】→【Freeze Transformations（冻结变换）】命令，将多边形物体的属性值归零处理。

〖**任务总结**〗

1. 使用【Create（创建）】命令创建两种形式的多边形基本体。
2. 使用 nurbs 的基本编辑属性编辑多边形。
3. 最后删除多边形的历史记录并将属性值归零，为后面的骨骼装配做好准备。

任务二　为台灯添加材质

〖**任务分析**〗

1. **制作分析**
✦ 使用材质编辑属性进行材质的添加。
2. **工具分析**
✦ 使用【Hypershade】命令为多边形添加不同的材质球属性。
3. **通过本任务的学习，要求掌握如下内容。**
✦ 能够熟练运用【Hypershade】命令为多边形物体编辑材质。

〖**任务实施**〗

（1）执行【Window（窗口）】→【Rendering Editors（渲染编辑）】→【Hypershade】命令，打开【Hypershade】编辑窗口，如图 10-9 所示。

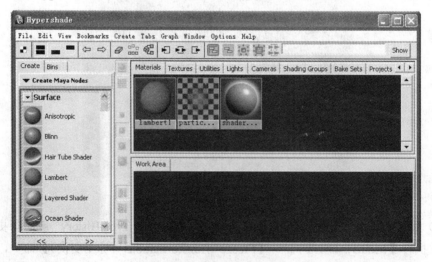

图 10-9　【Hypershade】编辑窗口

（2）选择【Blinn】材质，Blinn 材质球会出现在【Work Area】窗口，选择灯套和灯座，在材质球上按下鼠标右键不放，将鼠标箭头转换到【Assign Material To Selection（将材质赋予所选择的多边形上）】，如图 10-10 所示。

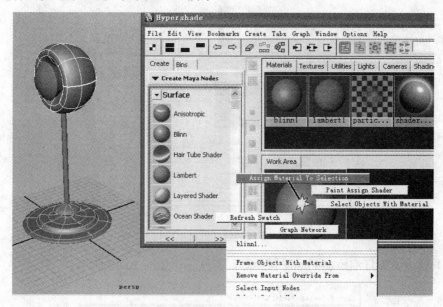

图 10-10　赋予灯套和灯座材质

（3）双击 Blinn 材质球，打开材质编辑属性，修改材质球的颜色，如图 10-11 所示。

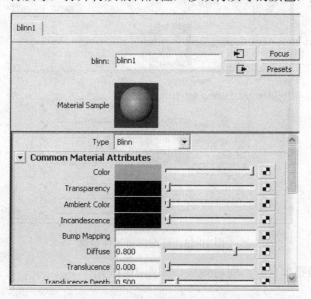

图 10-11　编辑材质球属性

（4）按照步骤（3）为台灯的颈添加 Lambert 材质球，并编辑材质属性，如图 10-12 所示。

Maya 动画制作案例教程

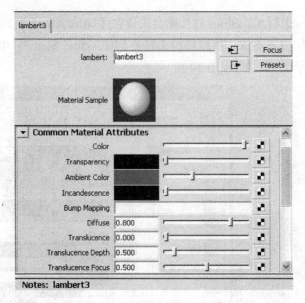

图 10-12　台灯颈材质编辑

（5）同样，为灯泡添加 Phong 材质球，属性编辑如图 10-13 所示。

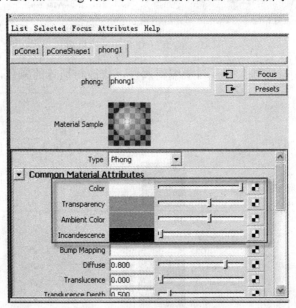

图 10-13　灯泡材质属性编辑

（6）实时渲染整个台灯，观看效果，如图 10-14 所示。

〖任务总结〗

1. 使用【Hypershade】命令为台灯添加材质属性。
2. 根据物体材质特点进行属性的调整。

206

图 10-14　台灯材质展示

任务三　为台灯装配骨骼

〖任务分析〗

1．制作分析

✦ 为台灯添加骨骼和 IK，并通过控制器控制约束多边形的运动。

2．工具分析

✦ 使用【Animation（动画）】模块命令下的【Skeleton】命令中的【Joint Tool（骨骼工具）】为台灯添加骨骼。

✦ 使用【Skeleton】命令中的【IK Handle Tool（IK 手柄工具）】为台灯添加 IK 手柄。

✦ 使用【Constrain（约束）】为台灯的骨骼添加控制器约束。

3．通过本任务的制作，要求掌握如下内容

✦ 能够熟练运用【Animation（动画）】模块的命令为多边形进行骨骼装配。

〖任务实施〗

（1）框选台灯所有多边形，按【Ctrl+G】组合键，为台灯进行分组处理，并将组名称改为"taideng"。

（2）选择灯泡和灯套，按下键盘上的【P】键，建立父子关系。

（3）执行【Skeleton】→【Joint Tool（骨骼工具）】命令为台灯添加骨骼，如图 10-15 所示。

（4）执行【Skeleton】→【IK Handle Tool（IK 手柄工具）】命令，为台灯添加 IK 手柄，如图 10-16 所示。

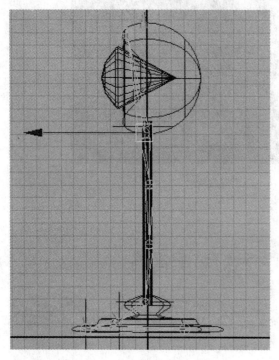 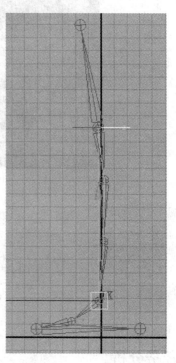

图 10-15　为台灯添加骨骼　　　　　　　图 10-16　为台灯添加 IK 手柄

（5）执行【Create（创建）】→【nurbs Primitives（NURBS 基本体）】→【Circle（圆）】命令，并按下【V】键将创建出的圆捕捉到 joint4 上，并将圆更名为 "IK_control"。

（6）选择 "IK_control"，执行【Modify（修改）】→【Freeze Transformations（冻结变换）】，将圆的属性值冻结为零，然后执行【Edit（编辑）】→【Delete by Type History（删除历史记录）】命令，将圆的历史记录清空。

（7）先选择 "IK_control"，然后按【Shift】键加选 IK，执行【Constrain（约束）】→【Point（点约束）】命令，发现图 IK 的移动属性变成以蓝色显示，用圆控制 IK 的移动变换，如图 10-17 所示。

（8）先选择 "IK_control"，然后按【Shift】键加选 joint4，使用鼠标左键单击【Constrain（约束）】→【Orient（方向约束）】旁边的 □，将 Maintain offset: 这一选项选中，执行【Apply】命令，发现图 joint4 的旋转属性变成以蓝色显示，旋转 "IK_control"，带动 joint4 的变换，如图 10-18 所示。

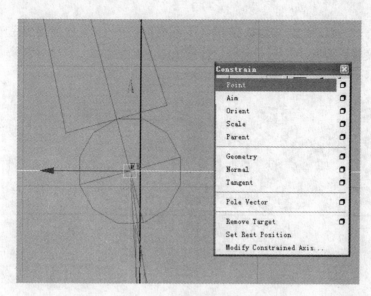

图 10-17　点约束操控

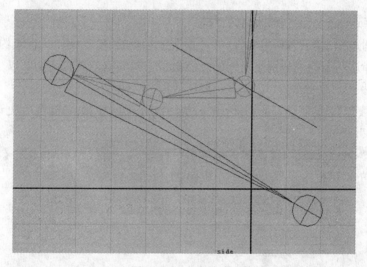

图 10-18　方向约束

（9）在底座的骨骼上设置两个 IK，将参数改为 ikSCsolver，如图 10-19 所示。

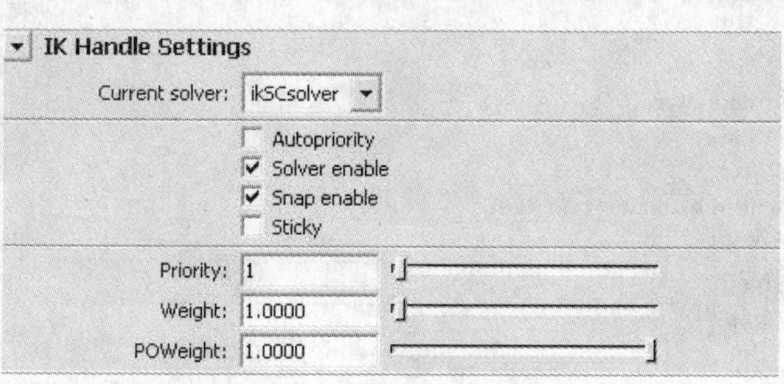

图 10-19　修改 IK 参数

（10）创建一个圆，缩放一次按【Ctrl+D】组合键，按【V】键捕捉到底座的两个骨骼上，执行冻结变换、删除历史记录命令，如图 10-20 所示。

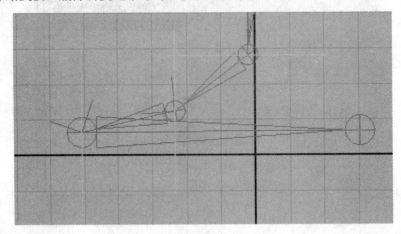

图 10-20　创建圆形控制器

（11）选择这两个圆，分别改名为 "di1" 和 "di2"。

（12）分别选择 "di1" 和 "di2"，并分别选择对应的 IK 手柄，执行点约束。

（13）选择这两个圆，分别于对应的骨骼执行方向约束，并将两个圆以 "IK_control" 为父组建父子关系。

（14）继续创建一个圆，放在底座下方，执行冻结变换、删除历史记录，更名为 "dizuo_control"。

（15）选择 "dizuo_control"，在属性栏单击鼠标右键，执行【Attributes】→【Add Attribute】命令，在打开的对话框中设置参数，如图 10-21 所示。

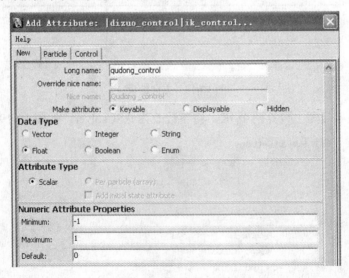

图 10-21　添加属性

（16）选择 "dizuo_control"，执行【Animate（动画）】→【Set Driven Key（设置驱动

关键帧）】→【Set...】命令，单击 Load Driver ，选择"IK_control"、"di1"、"di2"，单击 Load Driven 按钮，如图 10-22 所示。

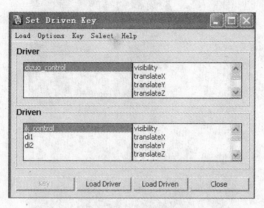

图 10-22　驱动设置

（17）选择"dizuo_control"，在 dizuo_qudong 属性中将值改为 0，选择"ik_control"、"di1"、"di2"，并框选 rotateX、rotateY、rotateZ 属性，单击"Key"按钮，如图 10-23 所示。

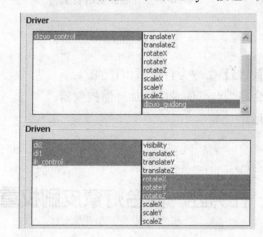

图 10-23　驱动设置

（18）选择"dizuo_control"，在 dizuo_qudong 属性中将值改为-0.5，选择"di1"，选择 rotateX 值为-15，"ik_control"的 rotateX 值改为-30，单击"Key"按钮，在 dizuo_qudong 属性中将值改为-1，选择"di1"，选择 rotateX 值为-20，将"ik_control"的 rotateX 值改为-30，单击"Key"按钮，在 dizuo_qudong 属性中将值改为 1，选择"di2"，选择 rotateX 值为 10。

（19）创建一个圆，与"Joint8"建立方向约束，改名为"head_control"，继续创建一个圆，修改形状，与"Joint1"建立点约束，改名为"jing_control"。

（20）在台灯的后侧建立一个圆，修改形状，冻结变换，删除历史记录，改名为"all_control"，将"ik_control"、"jing_control"、"head_control"与"all_control"分别建立父子关系，骨骼控制器装配完成，如图 10-24 所示。

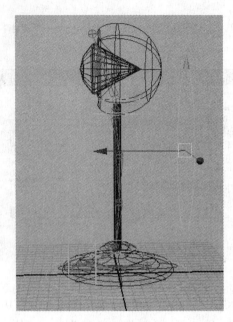

图 10-24　骨骼控制器装配

〖任务总结〗

1. 使用【Joint（骨骼）】命令为台灯添加骨骼。
2. 使用各种约束命令为台灯的骨骼添加骨骼控制器。
3. 驱动关键帧的运用。

任务四　为台灯蒙皮刷权重

〖任务分析〗

1. **制作分析**
   ✦ 将台灯与骨骼进行蒙皮处理
   ✦ 利用笔刷工具分配骨骼权重
2. **工具分析**
   ✦ 使用【Skin（皮肤）】→【Bind Skin】→【Smooth Bind（平滑蒙皮）】命令为台灯进行蒙皮处理。
   ✦ 使用【Skin（皮肤）】模块命令下的【Edit Smooth Skin（编辑蒙皮）】→【Paint Skin

Weights（绘制蒙皮权重）】命令为骨骼绘制权重。

3．通过本任务的制作，要求掌握如下内容

✦ 能够熟练运用【Skin（皮肤）】模块的命令为骨骼进行蒙皮处理。

〖任务实施〗

（1）选择所有骨骼和台灯多边形，执行【Skin（皮肤）】→【Bind Skin】→【Smooth Bind（平滑蒙皮）】命令，为台灯进行蒙皮处理，如图 10-25 所示。

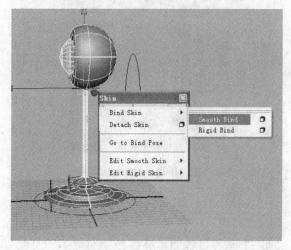

图 10-25　蒙皮处理

（2）执行【Skin（皮肤）】→【Edit Smooth Skin（编辑蒙皮）】→【Paint Skin Weights（绘制蒙皮权重）】命令，单击【Paint Skin Weights（绘制蒙皮权重）】旁边的 ▢，权重绘制设置如图 10-26 所示。

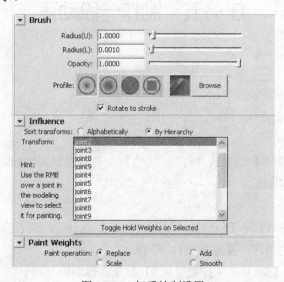

图 10-26　权重绘制设置

（3）使用笔刷工具为台灯绘制权重，不断变化台灯，观看蒙皮效果，并不断修改，如图 10-27 所示。

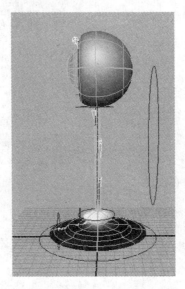

图 10-27　权重绘制

〖任务总结〗

1．使用【Skin（皮肤）】命令进行蒙皮处理。

2．使用【Paint Skin Weights（绘制蒙皮权重）】命令为骨骼绘制权重。

任务五　制作一段动画

〖任务分析〗

1．制作分析

✦ 手动调节控制器，【Set Key（打关键帧）】为动画设置关键帧。

✦ 播放渲染动画效果。

2．工具分析

✦ 使用【Animation】→【Set Key（打关键帧）】命令为动画设置关键帧。

3．通过本任务的制作，要求掌握如下内容

✦ 能够熟练运用【Set Key（打关键帧）】命令创作动画片段。

〖任务实施〗

（1）选择"jing_control"在第 1 帧，执行【Animation】→【Set Key（设置关键帧）】命令，为"jing_control"设置初始关键帧。

注意：也可以选择"jing_control"后在属性栏上选择要设置关键帧的属性，右键单击【Key Selected】或者直接按键盘上的【S】键。

（2）选择"jing_control"在第 12 帧，将"TranslateX"值改为–7，按键盘【S】键设置关键帧，在第 24 帧，将"TranslateY"值改为 7，按下时间线上的 ▶ 键播放观看动画，如图 10-28 所示。

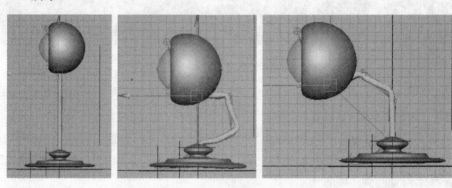

图 10-28　关键帧设置

（3）选择 24 帧的关键帧，单击鼠标右键选择【Copy（复制）】命令，选择 36 帧位置，单击鼠标右键选择【Paste（粘贴）】命令，将第 24 帧的关键帧复制到 36 帧的位置。

（4）选择"head_control"，选择属性栏，执行【Editors（编辑）】→【Channel Control】命令，在弹出的对话框中选择"TranslateX"、"TranslateY"、"TranslateZ"，单击 Move >> 按钮，如图 10-29 所示。

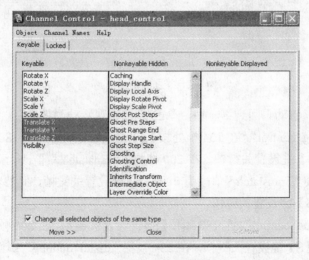

图 10-29　编辑属性栏

（5）选择"head_control"，在第 36 帧处，按【S】键设置初始关键帧，切换到 48 帧，将"RotateY"值改为 60，并将此帧复制到 50 帧位置。在 60 帧上，将"RotateY"值改为 −60，并将此帧复制到 62 帧上，按下时间线上的 ▶ 键播放，观看动画，如图 10-30 所示。

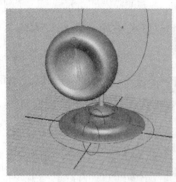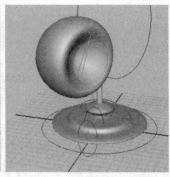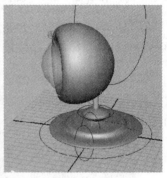

图 10-30　关键帧变化

（6）选择"jing_control"，在第 62 帧处，按【S】键设置关键帧，在第 84 帧，将"TranslateY"值改为−7，按键盘【S】键设置关键帧。

（7）选择"head_control"，在第 84 帧处，按【S】键设置初始关键帧，切换到 108 帧，将"RotateY"值改为 60，并将此帧复制到 120 帧位置。在 132 帧上，将"RotateY"值改为 0，并将此帧复制到 144 帧上。

（8）选择"jing_control"，在 144 帧处按【S】键设置关键帧，在 156 帧上，将"TranslateX"、"TranslateY"值改为 0，按【S】键设置关键帧，播放动画并观看效果。

（9）单击 ▨ 打开动画曲线编辑器，调整曲线，如图 10-31 所示。

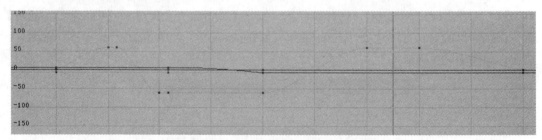

图 10-31　动画曲线编辑

（10）按下 ◄◄，将动画回到第一帧，单击 ▶ 按钮观看动画效果。

（11）选择"jing_control"，在 164 帧处按【S】键设置关键帧，在 188 帧将"TranslateY"值改为−3.5，按【S】键设置关键帧，在 200 帧将"TranslateY"值改为−6，按【S】键设置关键帧，在 212 帧将"TranslateY"值改为 0，按【S】键设置关键帧，在 224 帧将"TranslateY"值改为−1.5，按【S】键设置关键帧。

（12）选择"dizuo_control"，在 188 帧按【S】键设置关键帧，在 200 帧将"dizuo_qudong"属性设置为 1，按【S】键设置关键帧，在 224 帧将"dizuo_qudong"属性设置为 0，按【S】

键设置关键帧。

（13）选择"all_control"，在 200 帧按【S】键设置关键帧，在 212 帧将"TranslateY"、"TranslateZ"值改为 3，按【S】键设置关键帧，在 234 帧将"TranslateY"、"TranslateZ"分别改为 0、6，按【S】键设置关键帧。

（14）按下 ，将动画回到第一帧，单击 按钮观看动画效果。

〖任务总结〗

1．使用【Set Key（设置关键帧）】制作动画片段。
2．通过动画曲线修改动画效果。

任务六 添加灯光

〖任务分析〗

1．制作分析

✦ 三点布光为场景布置灯光。

✦ 使用【Create（创建）】→【lights（灯光）】命令为场景添加灯光。

2．工具分析

✦ 使用【Create（创建）】→【lights（灯光）】命令为场景添加灯光效果。

3．通过本任务的制作，要求掌握如下内容

✦ 能够熟练运用【lights（灯光）】命令为场景布置各种灯光效果。

〖任务实施〗

（1）单击状态栏中的 ，在台灯底部创建一个面片并调整大小，如图 10-32 所示。

（2）执行【Create（创建）】→【lights（灯光）】→【Spot light（聚光灯）】命令，在场景中添加灯光，单击工具栏中的 按钮，调整灯光的照射位置和目的点，如图 10-33 所示。

图 10-32 创建面片

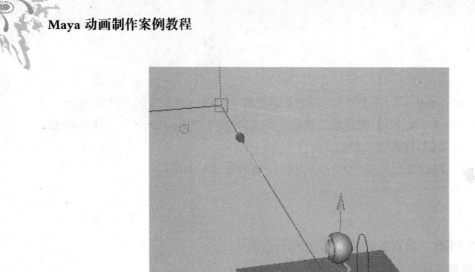

图 10-33　灯光位置

（3）继续执行【Create（创建）】→【lights（灯光）】→【Spot light（聚光灯）】命令，在台灯的后面添加灯光，单击工具栏中的 按钮，调整灯光的照射位置和目的点，如图 10-34 所示。

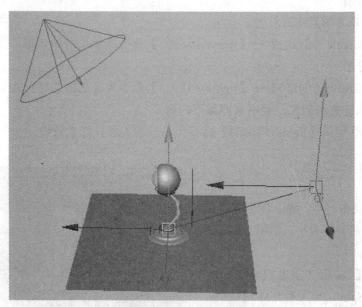

图 10-34　背光灯设置

（4）选择聚光灯 2，按【Ctrl+A】组合键，打开聚光灯的属性编辑器，修改参数，如图 10-35 所示。

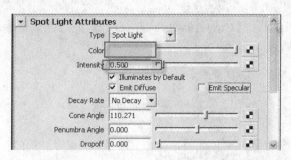

图 10-35　属性设置

（5）选择聚光灯 1，按【Ctrl+A】组合键，打开聚光灯的属性编辑器，添加阴影变化，修改参数，如图 10-36 所示。

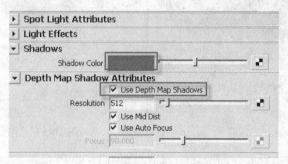

图 10-36　阴影设置

（6）单击■按钮，渲染观看画面灯光效果，如图 10-37 所示。

图 10-37　渲染效果

（7）继续执行【Create（创建）】→【lights（灯光）】→【Spot light（聚光灯）】命令，在台灯的底部添加灯光，单击工具栏中的■按钮，调整灯光的照射位置和目的点，如图 10-38 所示。

（8）选择聚光灯 3，按【Ctrl+A】组合键，打开聚光灯的属性编辑器，修改参数，如图 10-39 所示。

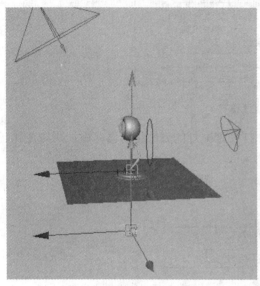

图 10-38　底部灯光　　　　　　　　　　　　图 10-39　灯光属性设置

（9）单击▨，渲染观看画面的灯光效果，如图 10-40 所示。

图 10-40　渲染效果

（10）继续执行【Create（创建）】→【lights（灯光）】→【Point light（点光源）】命令，给灯泡添加光源，单击工具栏中的▨按钮，调整灯光的照射位置和目的点，如图 10-41 所示。

（11）单击▨，渲染观看画面灯光效果，如图 10-42 所示。

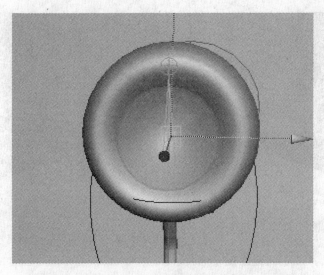

图 10-41　灯泡光源

图 10-42　点光源效果

（12）选择 "Point light"，按【Shift】键加选 "taideng" 组，执行【Lighting】→【Break light links（打断灯光连接）】命令，单击 ■，渲染观看画面灯光效果，如图 10-43 所示。

（13）选择 "Point light"，按【Shift】键加选灯泡，执行【Lighting】→【Make light links（打断灯光连接）】命令。单击 ■ 按钮，渲染观看画面的灯光效果，如图 10-44 所示。

〖任务总结〗

1．执行【Create（创建）】→【lights（灯光）】命令，为场景添加灯光效果。

2．设置独立的光源影响范围。

3．光源参数的设置。

图 10-43　打断连接

图 10-44　与灯泡连接

任务七　渲染完成

〖**任务分析**〗

1. 制作分析

✦ 使用渲染命令渲染合成场景。

✦ 渲染面板参数设置。

2．工具分析

✦ 使用【Render（渲染）】命令渲染动画场景。

3．通过本任务的制作，要求掌握如下内容

✦ 能够熟练运用渲染场景中的材质、灯光、阴影、动画效果。

〖**任务实施**〗

（1）执行【Window（窗口）】→【Render Setting（渲染设置）】命令，在弹出的对话框内设置参数，如图 10-45 所示。

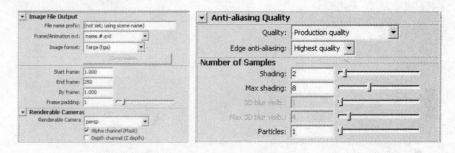

图 10-45　渲染设置

（2）执行【Render（渲染）】→【Batch Render】命令，如图 10-46 所示，完成整个动画的创作。

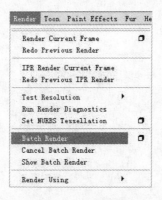

图 10-46　渲染生成

〖**任务总结**〗

1．渲染属性设置。

2．渲染生成动画。

反侵权盗版声明

电子工业出版社依法对本作品享有专有出版权。任何未经权利人书面许可,复制、销售或通过信息网络传播本作品的行为;歪曲、篡改、剽窃本作品的行为,均违反《中华人民共和国著作权法》,其行为人应承担相应的民事责任和行政责任,构成犯罪的,将被依法追究刑事责任。

为了维护市场秩序,保护权利人的合法权益,我社将依法查处和打击侵权盗版的单位和个人。欢迎社会各界人士积极举报侵权盗版行为,本社将奖励举报有功人员,并保证举报人的信息不被泄露。

举报电话:(010)88254396;(010)88258888
传　　真:(010)88254397
E-mail:　　dbqq@phei.com.cn
通信地址:北京市万寿路 173 信箱
　　　　　电子工业出版社总编办公室
邮　　编:100036